OCEAN ANATOMY

THE CURIOUS PARTS & PIECES OF THE WORLD UNDER THE SEA

海洋解剖書

超過650幅海洋博物繪,帶你深入淺出
全方位探索洋流、地形、鯨豚等自然知識

JULIA ROTHMAN
茱莉亞・羅思曼 著

曾庸哲 審訂
中央研究院臨海研究站助研究員

王曼璇 譯

剖書
超過650幅海洋博物繪，帶你深入淺出，
全方位探索洋流、地形、鯨豚等自然知識

作　　　者　茱莉亞‧羅思曼（Julia Rothman）
審　　　訂　曾庸哲（Yung-Che TSENG）
譯　　　者　王曼璇
封 面 設 計　mollychang.cagw
內 頁 排 版　高巧怡
行 銷 企 劃　蕭浩仰、江紫涓
行 銷 統 籌　駱漢琦
業 務 發 行　邱紹溢
營 運 顧 問　郭其彬
責 任 編 輯　何韋毅
總 編 輯　李亞南
出　　　版　漫遊者文化事業股份有限公司
地　　　址　台北市103大同區重慶北路二段88號2樓之6
電　　　話　(02) 2715-2022
傳　　　真　(02) 2715-2021
服 務 信 箱　service@azothbooks.com
網 路 書 店　www.azothbooks.com
臉　　　書　www.facebook.com/azothbooks.read
發　　　行　大雁出版基地
地　　　址　新北市231新店區北新路三段207-3號5樓
電　　　話　(02) 8913-1005
訂 單 傳 真　(02) 8913-1056
初 版 一 刷　2021年5月
初 版 七 刷　2024年8月
定　　　價　台幣420元
I S B N　978-986-489-464-2

OCEAN ANATOMY: THE CURIOUS PARTS AND PIECES OF THE
WORLD UNDER THE SEA by JULIA ROTHMAN WITH JOHN
NIEKRASZ
Copyright: © 2020 by JULIA ROTHMAN
This edition arranged with STOREY PUBLISHING, LLC
through BIG APPLE AGENCY, INC., LABUAN, MALAYSIA.
Traditional Chinese edition copyright: 2021 Azoth
Books Co., Ltd.
All rights reserved.

國家圖書館出版品預行編目 (CIP) 資料

海洋解剖書：超過650幅海洋博物繪，帶你深入淺
出，全方位探索洋流、地形、鯨豚等自然知識／茱莉
亞‧羅思曼（Julia Rothman）著；王曼璇譯. --
初版. -- 臺北市：漫遊者文化事業股份有限公司出
版：大雁文化事業股份有限公司發行，2021.05
208 面；17×23 公分
譯自：Ocean anatomy: the curious parts &
pieces of the world under the sea.
ISBN 978-986-489-464-2(平裝)
1. 海洋學 2. 海洋生物 3. 通俗作品
366.98　　　　　　　　　　　　　110005053

漫遊，一種新的路上觀察學
www.azothbooks.com
漫遊者文化

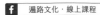

大人的素養課，通往自由學習之路
www.ontheroad.today
遍路文化‧線上課程

献給我錫蒂島的朋友們

特別是希里、勞爾、尼納
（曾領養海牛的人）

目錄

前言

我在錫蒂島（City Island）長大的那一條街尾有一片海灘。小時候，我會趁著潮汐退去後走到岸邊，找找寄居蟹、海星等那些被沖上岸邊的東西。潮水高漲時，我們會在海灣裡游泳。若想要更大的浪，就去長島（Long Island）的瓊斯海灘（Jones Beach），每個大浪來時，我和姊姊有三種選擇：從海面越過浪、從浪中鑽過去或乘浪抵達岸邊。我彷彿可以感覺到鹹鹹的海水流過鼻子的灼熱感。

我的家人依舊很喜歡住在海邊，父母都還住在那個房子裡。每個夏天晚上，他們都會走到海灘上，加入「日落俱樂部」，和鄰居一起聊天，伴著海浪拍打、夕陽西下。

這些書的寫作過程——《農場解剖》、《自然解剖書》、《食物解剖》，帶領我更深入地探索世界。每本書都花了我一年時間創作，我無法想像如何再寫下一本，但讀者們卻往往能讓我改變想法，他們從世界各地寄來電子信件，告訴我他們有多喜歡這些書，在Instagram有許多貼文是孩子們透過這些書籍學習，帶著書走在大自然中，或試著畫出書裡頭的圖畫。

我也收到孩子們手寫的信件，有些會畫畫給我，主題是成長中的蔬菜或彩虹色彩的花朵。他們告訴我最喜歡我的哪一本書，或大自然中最喜歡的事物，或最喜歡的食物、動物，我非常珍惜這些信件。來自緬因州（Maine）的十二歲莉迪亞寫著：「當我在更小的時候，我就夢想成為海洋生物學家，我想大概是在海邊長大的關係，我很喜歡妳的書，如果

有《海洋解剖書》，我一定
會超愛這本，我想知道，妳
的下一本書會不會考慮這個主
題。」

我想到童年海灘的回憶，想到
第一次浮潛，看到那些明亮鮮
豔色彩的魚，也想到氣候變遷
是如何影響我們美麗的海洋，腦
海中浮現飢餓北極熊的畫面。但
最重要的是，我想到莉迪亞會成為一名海洋生物學家，以及想到所有寫
信給我的孩子們，所以我決定再創作下一本書。

於是我開始了。

我邀請絕佳能手約翰・尼克拉斯再次合作，我們曾一起完成《自然解剖
書》，他大量地研究了海洋中及海岸邊的動植物，我們想囊括最大量的
資訊在書裡。創作過程中，我認識好多從未聽過、令人驚奇的動物——
裸鰓類（nudibranch）、大尖頭蟹（giant spider crab）、葉形海
龍（leafy sea dragons）。隨著太平洋垃圾帶持續擴張，海龜誤把塑
膠袋當成水母而吃下肚，多少個夜晚，我們擔心著美麗海洋的未來……

我希望這本書能讓你看到所有不可思議、從未注意過的海洋生物；我希
望這本書提醒你，我們急需保存這些絕美的植物及生物；我希望啓發更
多孩子參與、學習如何保護、拯救我們無與倫比的海洋。

Julia Rothman

茱莉亞・羅思曼

Dear Julia Rothman,

I have written to express my love [for your]
book, Nature Anatomy: The Curious Parts and [...]
the Natural World. First of all, I love yo[ur ...]
and how detailed and beautiful they loo[k ...]
perfectly capture how wondrous nature [...]
They are colorful and compliment each [...]
Your book has inspired me. When I [...]
it, it was in my school library, and [...]
else was holding it. They said, "Do [... want]
it?", and I accepted. I immediately l[...]
tran[...]
in
alv
ih[...]
exp[...]

P.
S. [...]

Dear, Julia Rothmar[n]

I love your book Food

I love how you explair[n]

how chocolate are [...]

how to eat with [...]

and how to use [...]

my favorite cha[...]

street food and [...]

I also love the p[...]

ames of
ntings

be.
well.
saw
ne
want

atomy!

out

would really enjoy a book called
"Ocean Anatomy". I was wondering
if you ever decided to make
another book if you would
consider this topic.

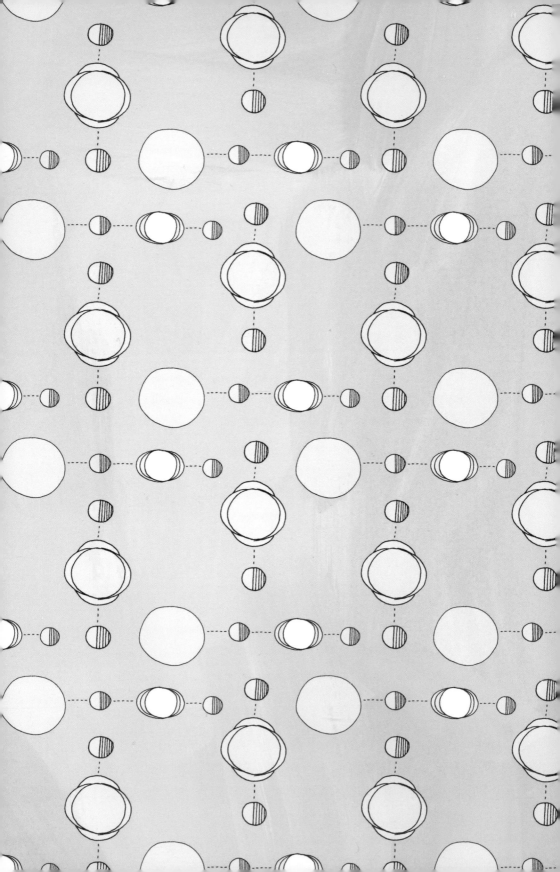

第一章

地球
海洋學

唯一有海洋的地球

海洋是地球獨有的特色，也是宇宙中唯一可知有穩定型態的液態水。水是生命必需品，更是35億年前海洋生物的起源。

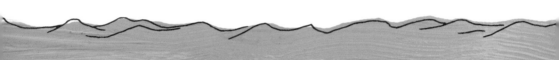

但，水從哪裡來？

水佔了地球表面的71%，但科學家還是無法確定水從哪來的！可能是數十億年前，某些行星或慧星帶著冰來到我們星球，或兩者都有。地函中含有水分的石頭，可能也是構成海洋的原因。

為什麼海是藍色的？

海洋表面反映了天空的顏色，陰天時，海會變灰色。當陽光灑在海洋上，水分子會先吸收光譜中的紅色光波，紅色、橘色、黃色波長的顏色消失。它們就像過濾器，留下光譜中的藍色波段。

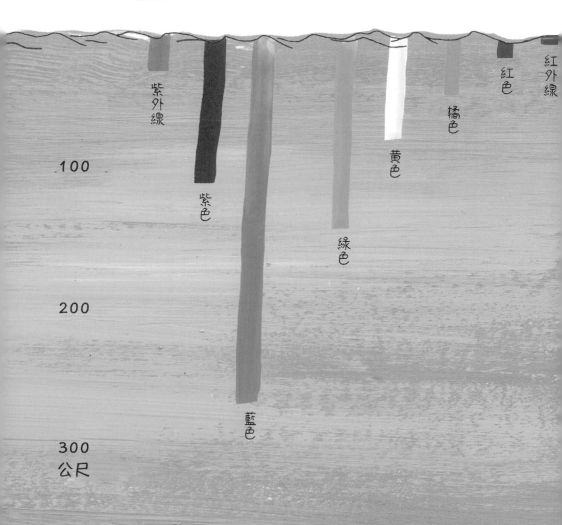

世界的海洋

地球上的五大洋相互連結且自由流動，
就像一個完整、龐大的世界海洋。

大西洋

- 覆蓋20%地球表面
- 隨著板塊從大西洋中洋脊向外擴張緩慢擴大中
- 平均深度3.4公里
- 包含地中海

太平洋

- 覆蓋1/3地球表面
- 隨著板塊移動緩慢縮小中
- 平均深度3.7公里
- 地球最深處：挑戰者深淵（Challenger Deep，10.78公里，位於馬里亞納海溝底部）

南大洋

北極海
- 覆蓋2.6%地球表面
- 最小且最淺的海洋
- 平均深度1.2公里

太平洋

印度洋
- 覆蓋14%地球表面
- 平均深度近4公里
- 包含波斯灣及紅海

- 覆蓋4%地球表面
- 西元2000年以前仍被視為南極洋

- 平均深度4.3公里
- 季節性海冰覆蓋

為什麼海水是鹹的？

海洋的鹹度、鹽分源於陸地。幾十億年來，降雨侵蝕岩石並溶解礦物。河流帶著這些礦物來到海洋裡持續堆積。鈉與氯化物就是海洋中最常見的「鹹味」離子。

世界海洋的平均鹽分是3.5%。

地球上的水分有97%都是鹽水。
數千年來，
人類藉由蒸發海水以取得鹽。

鹽灘

聲音透過海水傳遞的絕佳效率，可用來解釋為何鯨類相隔數千公里也能溝通。

聲音的速度

聲音透過水的傳播速度比起空氣快了4倍。水的密度比空氣大，聲音可以快速地穿越擁擠的分子。攝氏21度的海水，傳送聲音的速度可達每秒1.61公里，比飛行速度最快的噴射機快多了。

盤古大陸分裂

2.9億年前

地球上的多數陸地都曾擠成一塊超大陸，名為盤古大陸。一片名為原始大洋的泛地球海洋圍繞著盤古大洋，東面是知名的古特提斯洋（Paleo-Tethsy sea）。

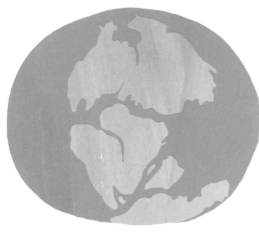

2億年前

隨著地球板塊緩慢移動，盤古大陸開始分裂。

1.8億年前

現代海洋首次出現，包括大西洋中心及西南方印度洋。

1.4億年前

南美洲從非洲分裂出來，形成南大西洋。印度從南極大陸分裂後，形成印度洋中心。

8,000萬年前

北美洲脫離歐洲，形成北大西洋。地球上各個大陸最終成為現在的樣貌。

信風

位於赤道附近，來自東邊的風穩定的繞著地球吹。早期歐洲及非洲的水手運用這些風及由此而生的洋流來到美洲，得以開闢殖民地及貿易航線。他們將這些穩定的陣風取名為信風（也稱貿易風）。

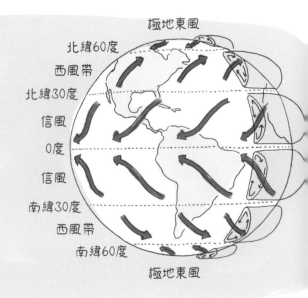

海床的各種特徵

測深學主要是研究水下深度及海床深度，還有
河流、溪流、湖泊。

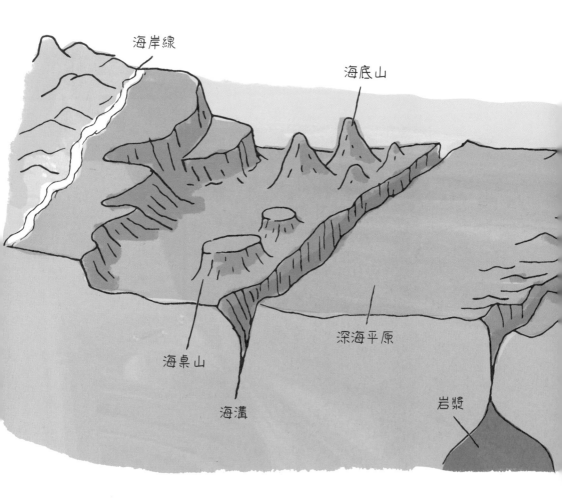

海底山是海床升起，不衝破海洋表面的火山岳，可以獨立存在，也可以是一長串的山脈。被侵蝕的海底山被稱為海桌山或平頂海山。

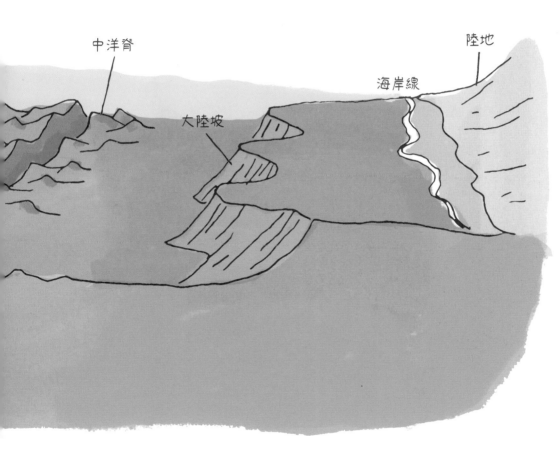

中洋脊

陸地

海岸線

大陸坡

潮汐

海洋潮汐是月球及太陽引力吸引大量的海水而發生的一種現象。海洋的水朝月球方向向外膨脹，隨著地球旋轉牽引出大量海水，海岸線一天會發生2次漲潮及退潮。

滿潮及低潮變化間的差異在於太陽及月球的位置。潮差最大的名為大潮，新月或滿月時，太陽、月球及地球排成一線，就會發生大潮。而潮差最小即為小潮，發生於大潮後7天，當太陽及月球彼此呈現直角，就會分散重力牽引。

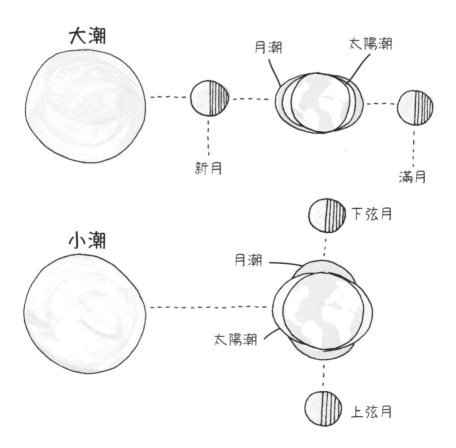

大潮

月潮　　太陽潮

新月

滿月

小潮

下弦月

月潮

太陽潮

上弦月

有些地方的潮差只有90公分，而加拿大的芬迪灣（Bay of Fundy），
滿潮及低潮的差異，最大可達15公尺！

没有潮汐作用，
我們所知的生命可能不存在。
潮汐的魅力，在於保障海洋養分永續循環。

暖流洋流

洋流

潮汐是形成洋流的三種因素之一。洋流是因名為漲潮流的漲潮形成，隨著潮汐退去，形成退潮流流動。潮流只有靠近海岸時才會變強。

海風負責製造一些海洋表面洋流。根據不同的季節及位置，海風可以推動深達91.5公尺的強勁洋流。

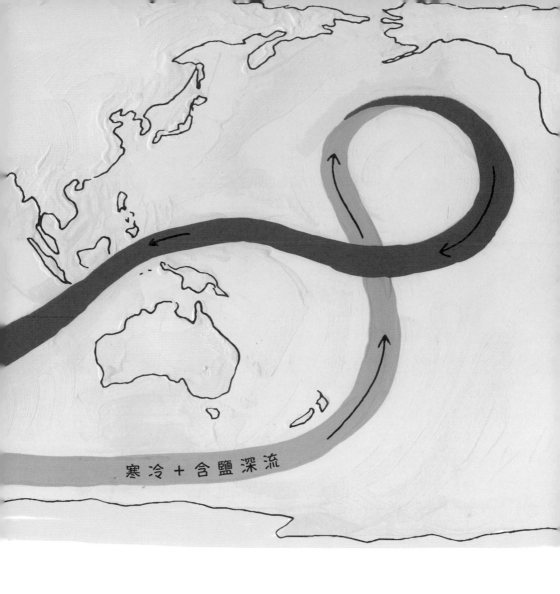

寒冷＋含鹽深流

溫鹽環流是深海洋流的主要驅動力，海水會因不同的溫度及鹽分移動，當冰形成於靠近極點的海水中，周遭的冷海水會變得更鹹、密度更高。寒冷、密度高、鹽分高的海水會沉下去，溫暖的表面海水取而代之，以密度驅動的環流就在海洋深處形成洋流。

洋流能顯著地改變陸地的氣候。即使秘魯僅位於赤道以南12度，寒冷的洪保德海流（Humboldt Current）卻使其氣候涼爽。相反地，灣流讓挪威比其緯度預期溫度更溫暖。

海浪

當長浪遠離風暴以後，波浪傾向以群體移動，稱為洋流向。一般認為7級波浪為一個洋流向，但最常見的數字是12至16級波浪，最大波浪會出現在洋流向的中間。

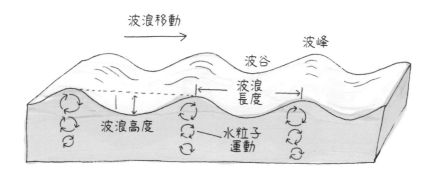

巨浪

非常罕見，當風與洋流剛好符合條件，海浪就會意外地結合形成比周圍海浪高出2倍的大浪。這些巨大、怪異的大浪，通常稱為瘋狗浪，會對船隻及海岸線造成傷害。

海洋深度區

1. **透光帶**：**表層洋帶**的陽光會帶來豐富的生命以及不同的溫度。

2. **暮光區**：**中層洋帶**的陽光非常弱。這裡住著罕見魚類以及其他海洋生物，還會有許多生物發光體。

3. **午夜區**：**漸層洋帶**雖然會承受著巨大水壓，有些鯨魚還是會潛入此區覓食。

4. **深海帶**：**深層洋帶**這裡的溫度非常低，但魷魚以及海星可以在此存活。

5. **海溝**：**深淵洋帶**每平方英吋會承受8噸的水壓，鮮少有生物可以在此存活，但還是有管蠕蟲及其他無脊椎生物存在。

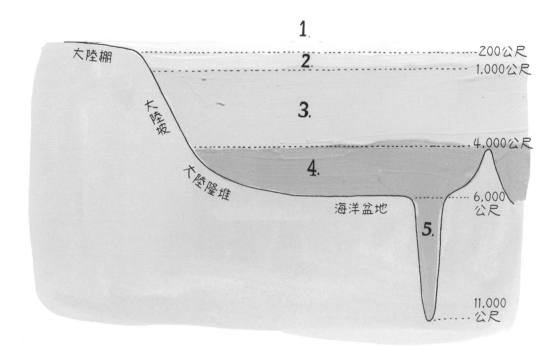

第二章

海洋中的
各種魚類

海洋食物鏈

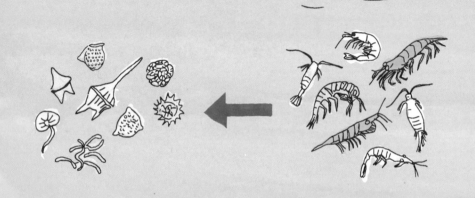

初級生產者

植物性浮游生物運用陽光進行光合作用，產出食物。單細胞微藻類保持漂浮於海水中，以水生食物網把陽光的能量傳遞給吃掉它們的大型生物。

初級消費者

浮游生物是很小的海洋生物，以植物性浮游生物為食。浮游生物有數千種不同種類，大多數存活於海水表面。

少年期
食人鯊
（大白鯊）

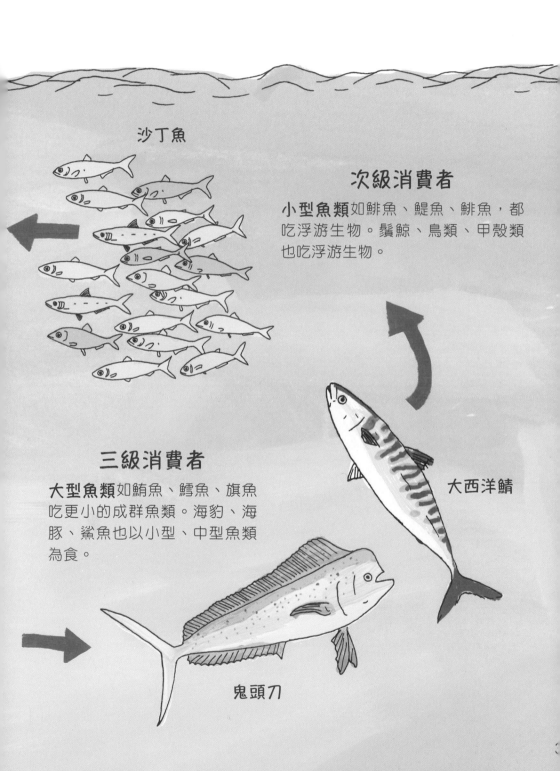

沙丁魚

次級消費者

小型魚類如鯡魚、鯷魚、鯡魚，都吃浮游生物。鬚鯨、鳥類、甲殼類也吃浮游生物。

三級消費者

大型魚類如鮪魚、鱈魚、旗魚吃更小的成群魚類。海豹、海豚、鯊魚也以小型、中型魚類為食。

大西洋鯖

鬼頭刀

透光區生產者

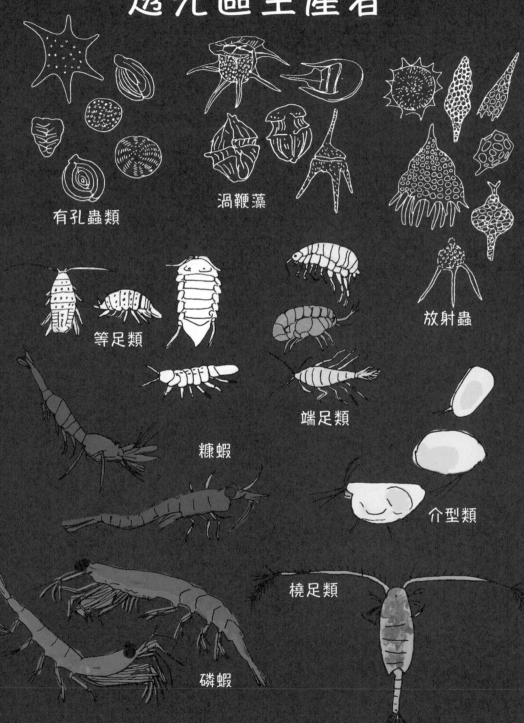

有孔蟲類

渦鞭藻

放射蟲

等足類

端足類

糠蝦

介型類

橈足類

磷蝦

生物性發光

許多海洋物種都能在黑暗中發光，自體發光的生物被稱為生物性發光。有些地方的碎浪會發出藍光，其中有數百萬微小、發磷光的生物，稱為渦鞭藻。

螢烏賊

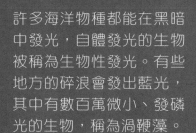

吸血魷魚

海洋生物的發光現象可作為防禦機制、得到潛在同伴注意力的方式，或是作為吸引獵物的手段。

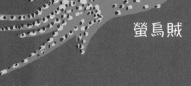

鮟鱇魚

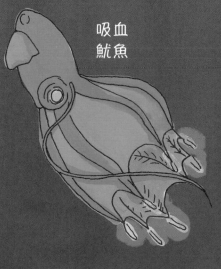

有超過70種魷魚在受到掠食者威脅時會發光，或能噴出發光的墨汁團。

這些生物製造的發光色素叫做螢光素。

魚的解剖構造

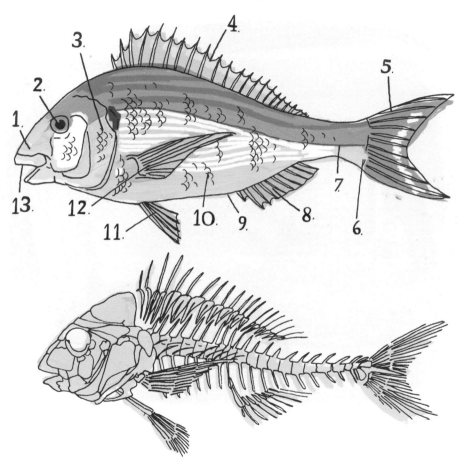

1. 鼻孔	8. 臀鰭
2. 眼睛	9. 肛門
3. 鰓蓋	10.鱗
4. 背鰭	11.腹鰭
5. 尾鰭	12.胸鰭
6. 尾柄	13.嘴
7. 側線	

魚類大搜查

魚是生活在水裡的動物，擁有鰭，用鰓呼吸。大多數的魚有鱗、魚骨或軟骨，也會產卵。

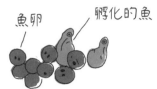

魚卵　孵化的魚

黃鰭鮪　　黃臘鰺／布氏鯧鰺

魚類的數量佔脊椎動物的半數以上，至少有30,000種不同種類的魚，是脊椎動物中最多樣化的種類。牠們生存於所有水生環境中，而絕大多數魚類的家都是海洋。

大多數魚類都屬冷血動物，可以隨著周遭環境改變身體溫度。少數大型魚類，如鮪魚、月魚及某些鯊魚，血液溫度則較為溫暖、穩定。

魚類將含氧的水吸進嘴裡，再由鰓排出。魚鰓具備能交換氧氣及二氧化碳的血管網路，當二氧化碳被水帶走時，氧氣會穿過微血管壁，直接進入血液。

鰓弓

魚類有一套非常發達的感覺器官，位於身體的兩側。側線可以感知水的移動及壓力變化，幫助魚類找到方向、追捕獵物。

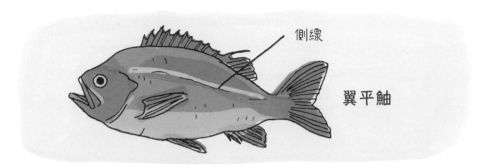

側線

翼平鮋

魚類可能是肉食性、草食性或雜食性，有些魚類在不同的發育時期，會吃不同食物。浮游生物、珊瑚、藻類、甲殼類、寄生蟲類、頭足類、軟體動物及其他魚類，都是常見的捕食對象。

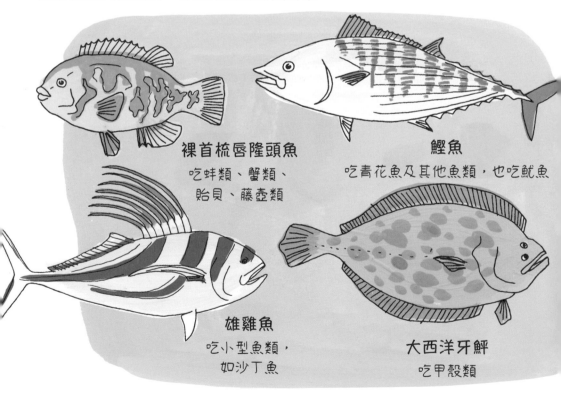

裸首梳唇隆頭魚
吃蚌類、蟹類、
貽貝、藤壺類

鰹魚
吃青花魚及其他魚類，也吃魷魚

雄雞魚
吃小型魚類，
如沙丁魚

大西洋牙鮃
吃甲殼類

集群魚類

許多魚種會群體生活及移動，稱為魚群。成群的魚類非常了解自己在群體中的位置，牠們會同步移動以因應捕食者、獵物及洋流變化。群體活動可以幫助魚類躲避掠食者，更有效地游出更長的距離，甚至有助於追捕獵物。

烏頂蝴蝶魚

魚類並非在群體中學會一起游泳，而是基因裡的天性使然，側線器官會幫助魚群緊密地靠在一起。

魚群是鬆散的群體，魚的行為不會同步。

絲鰭擬花鮨

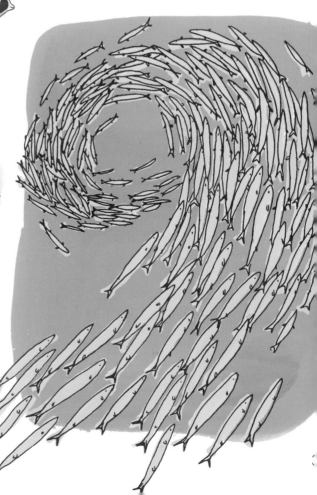

大家都知道鯡魚的群體在移動時能長達幾公里長，這裡面有無數的魚。

37

掠食性魚類

棘鰆
102-165公分

金梭魚／尖梭
60-99公分

黑皮旗魚
335公分

劍旗魚
120-190公分

雨傘旗魚
172-335公分

牛港鰺
/浪人鰺
88公分

巴西笛鯛
99公分

鯊魚的解剖構造

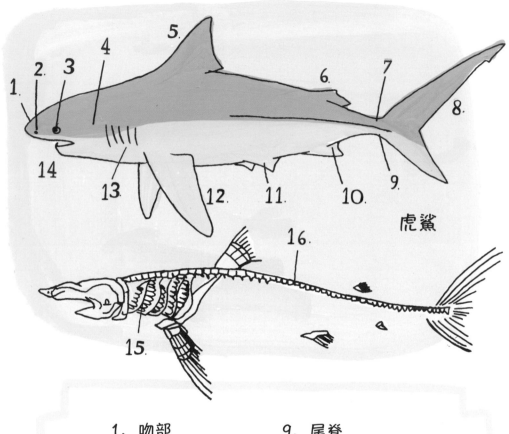

虎鯊

1. 吻部		9. 尾脊
2. 鼻孔		10. 臀鰭
3. 眼睛		11. 腹鰭
4. 噴水孔		12. 胸鰭
5. 第一背鰭		13. 鰓孔
6. 第二背鰭		14. 嘴
7. 尾前凹		15. 鰓弧
8. 尾鰭		16. 脊椎骨／脊柱

浮出水面的鯊魚鰭，
往往讓有鯊魚恐懼症的人感到害怕。

人類已經習慣將鯊魚塑造成心機深沉、報復心重的恐怖形象，但事實上，閃電及割草機比鯊魚可怕多了。在全世界超過500種的鯊魚中，只有12種會威脅到我們，每年全世界的鯊魚攻擊事件並不會超過90件，而且鮮少致命。但同時，每年卻有1億隻鯊魚死於人類之手。

最久遠的鯊魚近親首次出現於5億年前，遠早於任何陸生脊椎動物。而我們認識的鯊魚已存在1億年了。再提供你一個數字作為參考，現代人類存在的時間約莫20萬年。

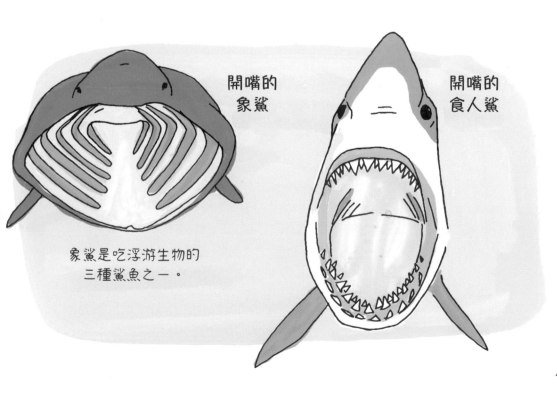

開嘴的
象鯊

開嘴的
食人鯊

象鯊是吃浮游生物的
三種鯊魚之一。

鰓

瞬膜

鯊魚擁有瞬膜，
也就是額外一組透明眼瞼，
獵食時可保護眼睛。

鯊魚的頭部兩側有5至7對鰓裂，
牠們擁有軟骨組成的骨骼，比一般
骨頭更輕、更有彈性。鯊魚沒有魚
類的鰾，但充滿油脂的腺體可以維
持浮力。因為鯊魚沒有胸腔，所以
被帶上陸地時，會被自己的體重壓
垮。

如果你敢一窺鯊魚的嘴巴，你會看
到好幾排牙齒。鯊魚的牙齒會自動
替換，像輸送帶一樣緩慢推進，無
論什麼時候，都只有最外面的兩排
牙齒能發揮功用。

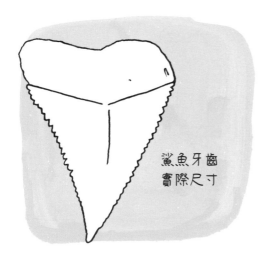

鯊魚牙齒
實際尺寸

鯊魚一生可能會再生、
損失超過20,000顆牙齒，
這就是鯊魚牙齒化石
成為最常被發現的化石種類之一的原因。

顎骨

當你逆向觸摸鯊魚皮膚時，摸起來的手感會像粗粗的砂紙，但這種構造能讓鯊魚在水中向前游時，非常平順且提高流動效率。鯊魚皮膚由微小、牙齒般的盾鱗或皮齒組成。這些盾鱗就像琺瑯一樣堅硬，不僅具有保護作用，而且呈流線型，每個盾鱗周遭的小旋渦都可以幫助降低阻力及渦流。

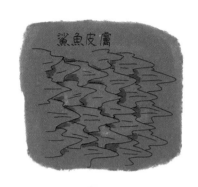

鯊魚有獵食祕密武器，牠們的頭上有電感受器孔網路，可以感知獵物的電場。這些孔稱為勞倫氏壺腹，甚至可以偵測到靜止中的魚類心跳。

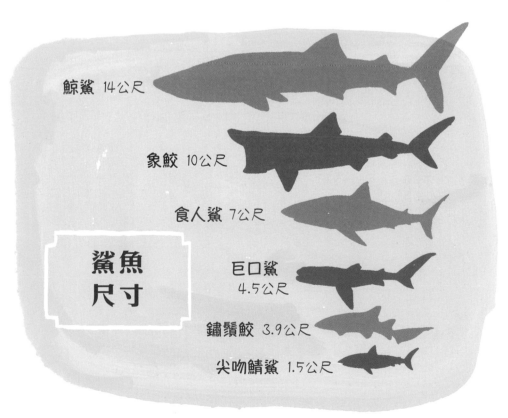

鯨鯊 14公尺

象鮫 10公尺

食人鯊 7公尺

鯊魚
尺寸

巨口鯊 4.5公尺

鏽鬚鮫 3.9公尺

尖吻鯖鯊 1.5公尺

鯊魚的種類

豹紋鯊　肌肉強健、體長3公尺，出沒於數個亞熱帶海域，群體動物，經常團體群居，會集體狩獵。

食人鯊　可達6公尺以上、1,590公斤的大型鯊魚。以海獅、海豹、小型鯊魚為食。

雙髻鯊　擁有獨特的頭部，稱為頭翼，用途是增加鯊魚視野，增加電感受器分布，還可以用來壓住獵物。

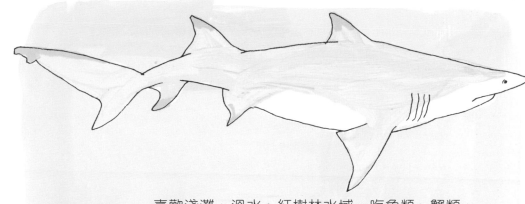

檸檬鯊 喜歡淺灘、溫水、紅樹林水域，吃魚類、蟹類、紅魚、海鳥。

尖吻鯖鯊 是行動最迅速的鯊魚，時速可達64公里，還可跳出水面高達6公尺。

鏽鬚鯊 行動力不高、底棲性、夜行性捕食者，以軟體動物、小型魚類、甲殼動物為食。嘴部設計便於吸食底部沉積物。

魟魚

魟魚是有著扁平身體的鯊魚近親，
也有軟體組成的骨骼。魟魚下腹有
鰓，牠們的胸鰭就是巨大的推進
翼。

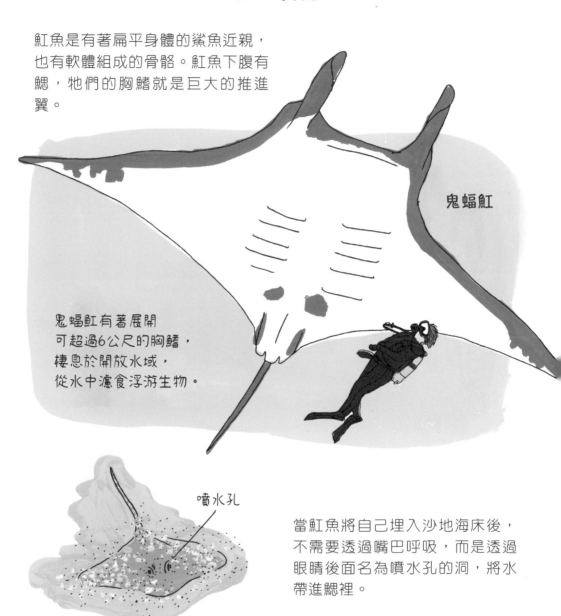

鬼蝠魟

鬼蝠魟有著展開
可超過6公尺的胸鰭，
棲息於開放水域，
從水中濾食浮游生物。

噴水孔

當魟魚將自己埋入沙地海床後，
不需要透過嘴巴呼吸，而是透過
眼睛後面名為噴水孔的洞，將水
帶進鰓裡。

紅魚的種類超過600種,大多數都棲息於海底,以甲殼動物、腹足動物、軟體動物為食。

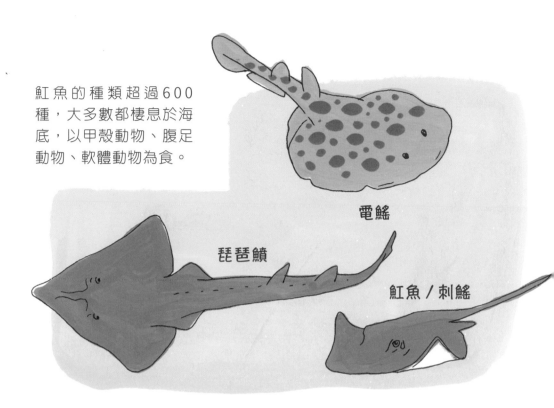

電鱝

琵琶鱝

魟魚／刺鱝

土魟沒有侵略性,但尾部的棘有毒,被驚擾時就會用來保護自己。經過有土魟棲息的水域時,為了安全起見,最好緩步前行,不要大步走。

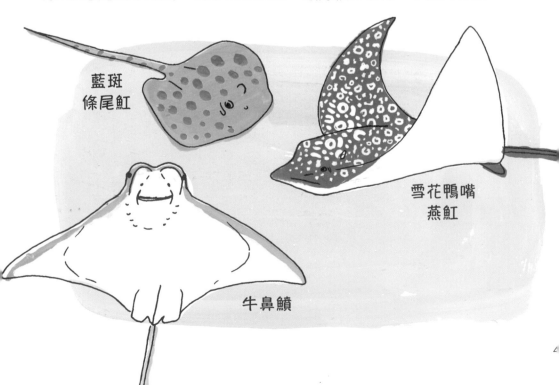

藍斑條尾魟

雪花鴨嘴燕魟

牛鼻鱝

水母的解剖構造

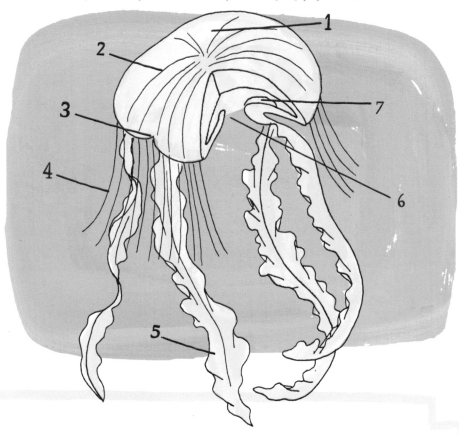

1. **泳鐘**：傘狀身體收縮並從底下的洞排出水以推動水母。
2. **輻管**：延伸泳鐘的一組溝管，通過細胞外消化，將營養送往身體各處。
3. **眼點**：泳鐘邊緣的感光點。
4. **觸手**：接觸用。
5. **口腕**：向獵物注射毒液。
6. **嘴**：獵物由此進入胃腔。
7. **生殖腺**：製造精液或卵細胞的生殖器官。

水母大搜查

水母根本不是魚類，我們所謂的水母，其實是屬於刺胞動物門，比起魚類，與珊瑚或海葵的關係更近。

說起來，水母的進化比真正的魚類早了至少1億年。

水母有1,500個不同的種類，即使海水日漸暖和，變得更偏酸性且汙染嚴重，水母的數量也仍在增加當中。

水母觸手有刺一般的刺絲胞，當牠們靠近小型魚類、磷蝦、甲殼類的獵物，甚至其他水母時，可以射出微小且有毒的倒刺。

並非所有水母都能刺傷人類，只有少數水母含有致命毒性，如箱型水母。

一群水母通常被稱為
水母群或水母爆發。
水母大爆發可能有
高達數百萬隻的水母，
可涵蓋10平方英里。

獅鬃水母

目前所知最大的水母，觸鬚長達30.5公尺。

海月水母

經常停在靠近水面處，便於捕食大型魚類、烏龜或偶爾遇上的海鳥。

大西洋海刺水母

不像其他的水母只吃浮游生物，牠們會刺穿鰷魚、蠕蟲、孑孓等獵物，注入毒液捕食。

僧帽水母

雖然看起來像一個個體，但牠並不是一隻水母，而是一隻管水母，由非常多特定、微小的苔蘚蟲個體組成。

燈塔水母

原生於地中海的水母，又稱為永生水母，再生後可以不斷地回到未成熟時期，所以，牠們可以永遠活著！

水母的生命週期

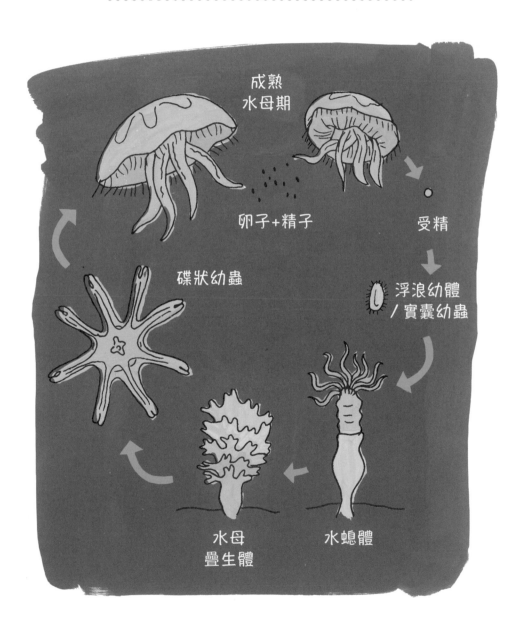

成熟
水母期

卵子+精子

受精

碟狀幼蟲

浮浪幼體
/ 實囊幼蟲

水母
疊生體

水螅體

深海生物

深海是又冷又黑的地方。水面以下183公尺處,陽光的能見度只有1%,平均水溫為攝氏0度至3度,而生活在水面下幾公里的動物,其承受的水壓就更令人難以置信,水深每往下9.1公尺,就會增加1大氣壓。水面下4.8公里,動物們必須與500大氣壓抗衡。但即使海洋最深、最暗處,生命也依舊繁盛。

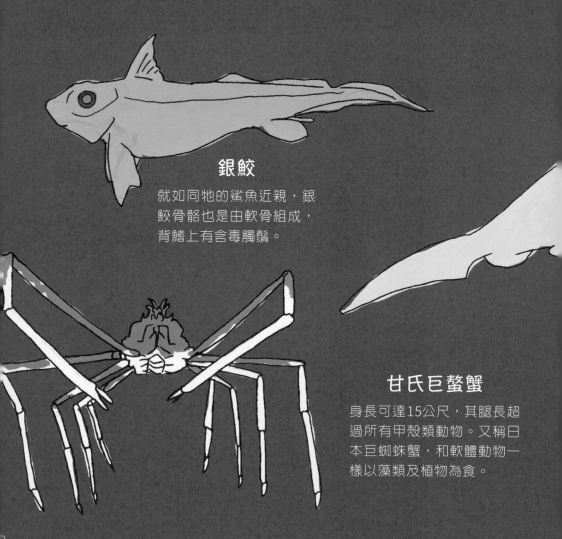

銀鮫

就如同牠的鯊魚近親,銀鮫骨骼也是由軟骨組成,背鰭上有含毒觸鬚。

甘氏巨螯蟹

身長可達15公尺,其腿長超過所有甲殼類動物。又稱日本巨蜘蛛蟹,和軟體動物一樣以藻類及植物為食。

寬咽魚

因其突出如絞鍊般的嘴，又稱吞鰻，會用尾巴發出粉色及紅色光吸引獵物。

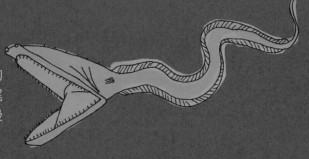

劍吻鯊

這種有著粉紅皮膚的鯊魚，獵食時顎部可打開到數英吋。其常見獵物之一是鼠尾鱈。

小飛象章魚

可長到1.5公尺長。曾於深度6,096公尺處觀測到其蹤跡，比其他種類的章魚棲息地更深。

銀斧魚

身體裡的生物發光性有偽裝效果。對光線感知特別敏銳的眼睛，可向上看到昏暗光線中的獵物。

馬康氏蝰魚

雖然長得很嚇人，但最長只能長到30公分。長背脊上的生物發光細胞可以吸引獵物。

大王魷魚

可長到12公尺長，重達907公斤，眼睛直徑可達30公分。壽命通常只有5年，期間可能只交配一次。大王魷魚棲息於各個海域，但非常罕見，而且出沒在非常深的海底，直至2012年前都不曾在海底被拍攝到。

唯一比大王魷魚長的
無脊椎動物，
就是牠的表親
— 大王酸漿魷。

巨型管蟲

巨型管蟲於深海熱泉處生長茁壯，會利用細菌幫牠們消化附近有毒的硫化氫。

狼牙鯛

雖然只有18公分，卻有又尖又長的牙齒，可獵食其他魚類、甲殼類及頭足類動物。

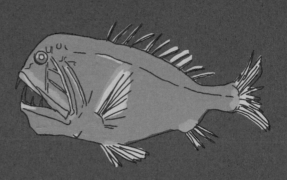

黑又齒魚

擁有難以置信、延展度超高的胃。只有25公分長的掠食者，卻可以吃下比牠長2倍、重非常多倍的魚類。

太平洋鱈魚

因為尾端形狀由粗變細，又稱鼠尾鱈，鱈魚也是經常出沒極端深海處的魚類。

第三章

鯨魚、海豚
與海牛

鯨魚的解剖構造

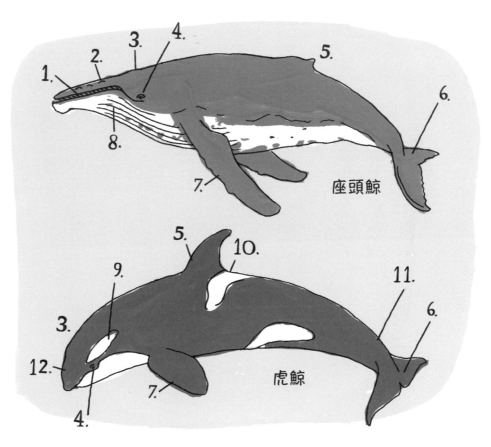

座頭鯨

虎鯨

1. 鯨鬚	7. 胸鰭
2. 節瘤	8. 喉腹褶
3. 噴氣孔	9. 眼斑
4. 眼睛	10.鞍部
5. 背鰭	11.尾柄
6. 尾鰭	12.吻部

鯨魚、海豚、鼠海豚都屬鯨豚類家族。這些呼吸空氣的哺乳類有改良的鼻孔，稱為噴氣孔，位於頭部上方。牠們的水平尾翼稱為尾鰭。所有鯨豚類皮膚下都有加厚層或鯨脂，在酷寒的深海裡能夠產生保護及保暖作用。

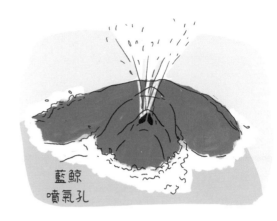

藍鯨
噴氣孔

海洋鯨豚類有80種以上，
包括6種鼠海豚、
超過30種海豚類及超過40種鯨魚。

鯨魚主要分為鬚鯨及齒鯨。

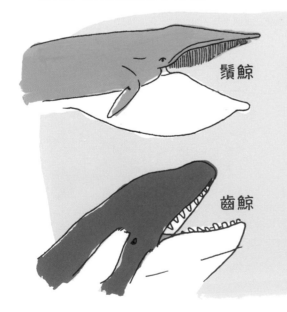

鬚鯨

齒鯨

鬚鯨透過嘴巴裡
巨大的皺褶平板過濾海水，
捕食浮游生物及磷蝦。

. . . .

齒鯨獵食魚類、魷魚、
水生哺乳動物及鳥類。

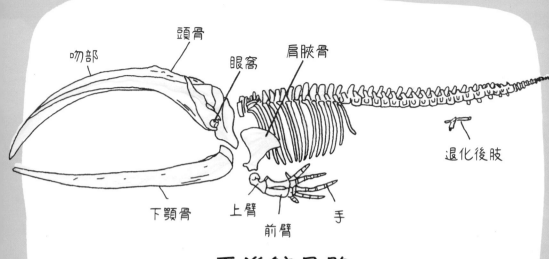

吻部　　頭骨　　眼窩　　肩胛骨

退化後肢

下顎骨　　上臂　　前臂　　手

露脊鯨骨骼

經過數千萬年的時間，四隻腳的陸生哺乳類進化為鯨豚。而鯨魚下腹部存有的骨頭，就是後肢退化的證據。

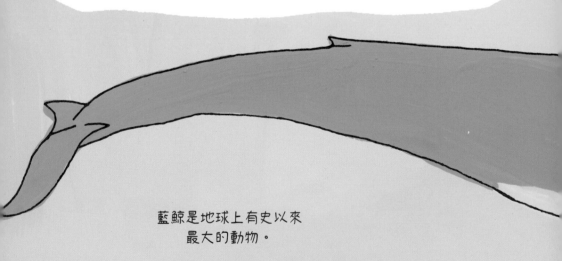

藍鯨是地球上有史以來
最大的動物。

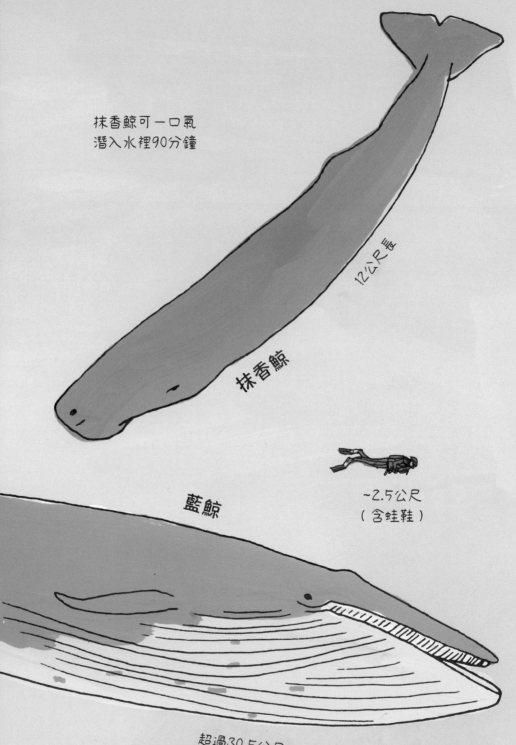

抹香鯨可一口氣
潛入水裡90分鐘

12公尺長

抹香鯨

藍鯨

~2.5公尺
（含蛙鞋）

超過30.5公尺

鯨魚的大小

長鬚鯨
20.7公尺／45,360公斤

露脊鯨
14.3公尺／23,130公斤

灰鯨
12公尺／27,215公斤

抹香鯨
12公尺／34,930~58,970公斤

塞鯨
18.3公尺
19,960公斤

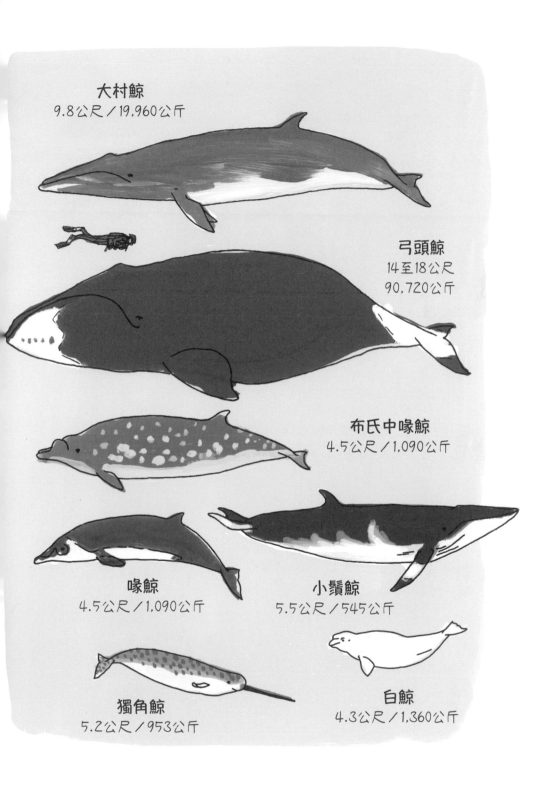

大村鯨
9.8公尺／19,960公斤

弓頭鯨
14至18公尺
90,720公斤

布氏中喙鯨
4.5公尺／1,090公斤

喙鯨
4.5公尺／1,090公斤

小鬚鯨
5.5公尺／545公斤

獨角鯨
5.2公尺／953公斤

白鯨
4.3公尺／1,360公斤

網狀氣泡
捕獵法

64

網狀氣泡捕獵法

大翅鯨（又稱座頭鯨）有90％的時間都花在獵食，當牠們準備長途遷徙時，每天可吃下2,300公斤的魚。

牠們複雜又具合作意識的社會結構，展現於共同捕獵時，更是令人印象深刻。60隻以上的大翅鯨會聚集從下方圍住魚群，再從噴氣孔吐氣製造出泡泡「網」，讓魚群失去方向感，被困成一團緊密的魚群。

接著，大翅鯨會發出聲音開始進食，非常和諧且快速地張開嘴巴游向魚群。運用這個技巧，大翅鯨張開大嘴一次就能一口吃下數百公斤的魚群。

龍涎香：一塊灰色、帶臭味、似蠟的物質。抹香鯨會在胃裡製造龍涎香，這是牠們胃裡無法消化的物質，例如墨魚喙。龍涎香可用於製作香水，是非常罕見的原料，每磅售價可達新台幣30萬。

海豚的
解剖構造

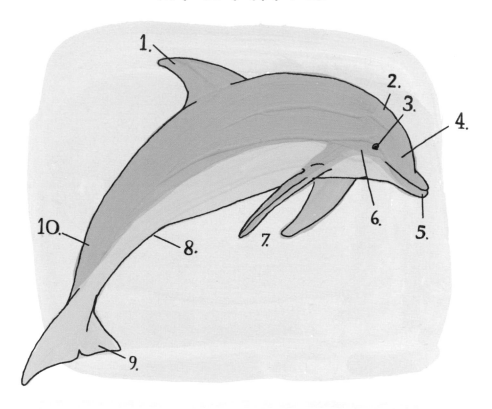

1. 背鰭
2. 噴氣孔
3. 眼睛
4. 額隆
5. 吻部
6. 耳朵
7. 胸鰭
8. 生殖器
9. 尾鰭
10. 尾柄

經過的船隻喚醒了海豚，紛紛飛躍而起在海面上嬉戲，
牠們是大海中最愛玩的居民。

海豚擁有較大的大腦，能表現
出聰明的行為，證據顯示，一
群海豚彼此之間會以名字互相
呼叫、有同理心、哀悼死亡、
組成聯盟、拯救被鯊魚攻擊的
衝浪者、運用工具、當保姆，
甚至互相捉弄。

一群海豚稱為海豚群（pod），
是一個複雜的社交體系。海豚
會世代傳授技術及資訊，例如
某些海豚群的海豚媽媽會教導
海豚女兒，在粗糙的海底挖洞
時，要懂得用海綿保護自己的
鼻子。

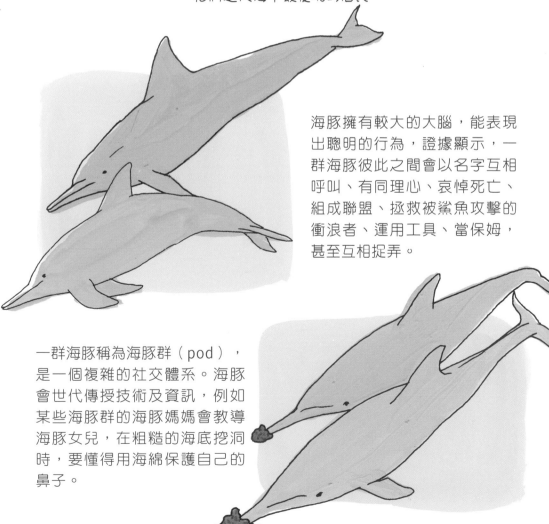

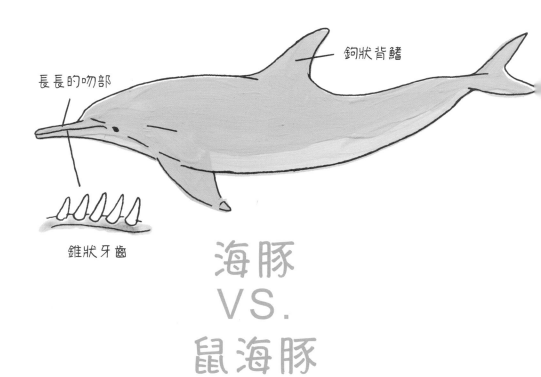

鉤狀背鰭

長長的吻部

錐狀牙齒

海豚
VS.
鼠海豚

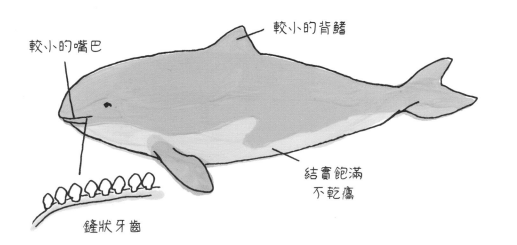

較小的背鰭

較小的嘴巴

結實飽滿
不乾癟

鏟狀牙齒

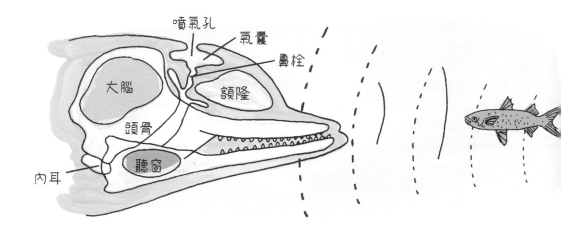

回聲定位

海豚會用鼻竇通道傳送高音出去，透過解讀回音「看」出周遭狀況。牠們用生物聲納回聲定位及辨別獵物、掠食者及其他海豚群成員。這個聲納非常強大且精準，海豚就以此辨別獵物的大小、形狀、速度，並透視固狀物體；甚至可以通知海豚群成員是否懷孕的消息。

海豚非常喜歡互相交談，牠們用哨聲、喀答聲、脈衝聲的複雜系統溝通，也會用接觸及身體位置表明立場。

大多數的海豚都會吃魚類、魷魚以及海底的無脊椎動物，稍大一點的海豚可能會獵食水生哺乳類，如海豹、甚至鯨魚。

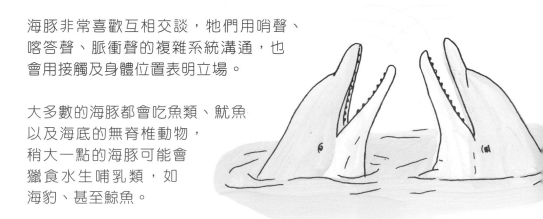

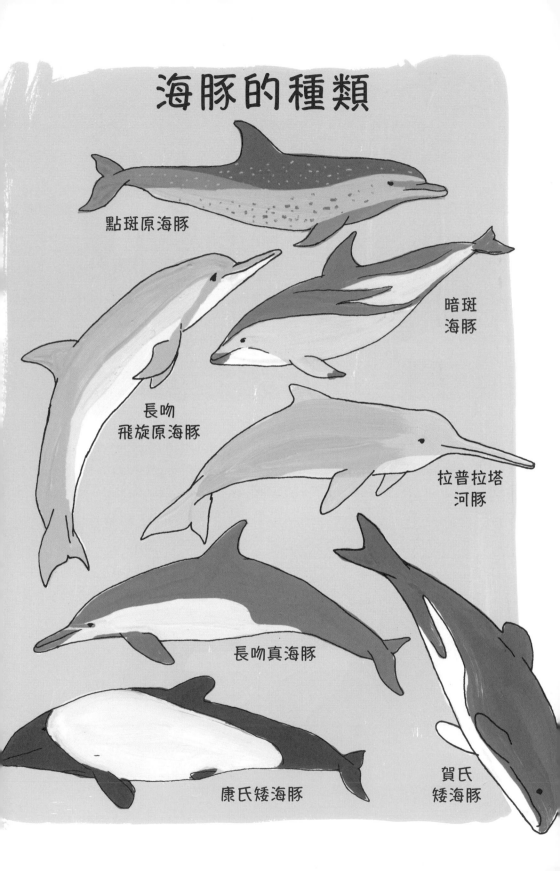

海豚的種類

點斑原海豚

暗斑海豚

長吻飛旋原海豚

拉普拉塔河豚

長吻真海豚

康氏矮海豚

賀氏矮海豚

這6種海豚經常被稱為鯨魚或黑鯨魚，
但從基因角度來看，同屬海豚。

長肢
領航鯨

虎鯨

偽虎鯨

南露脊鯨

瓜頭鯨

小虎鯨

虎鯨

虎鯨，又稱殺人鯨，是海豚家族中體型最大的成員，體長可達7.5公尺以上，重達5,900公斤。虎鯨的適應力極高，可生存於世界上各大海洋，根據特定族群的地點及習慣來看，虎鯨可能會吃魚類、海豹、烏龜、海鳥，甚至是鯨魚。生活於不同區域的鯨群，其色澤、大小、鰭的形狀及標記都不同。

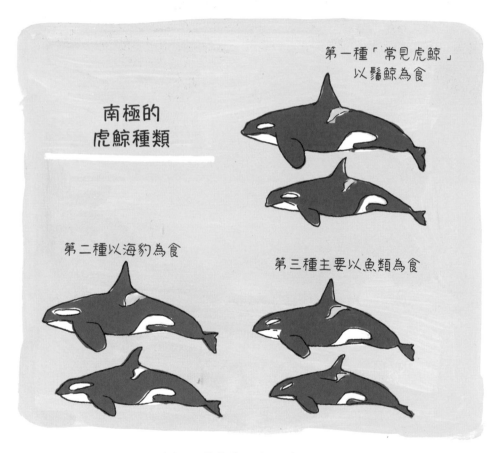

以上三種獵食者都沒有天敵。

虎鯨在捕食時，時速可達56公里，牠們會集體獵食，就像狼一樣，用敏銳的天賦來捕獲食物。

從目前的紀錄看來，
虎鯨從來不曾在海域攻擊人類。

鯨群（pods）依照母系血
統組織而成，最年長的領
導雌鯨可能超過80歲。牠
們也是唯一終生都與母親
相伴的哺乳動物。

浮窺

虎鯨會經常表現出一種特殊行
為，稱為浮窺。為了看到水面上
的獵物，牠們會將自己垂直立於
水面。

從1970年代開始，北美的太平洋岸研究員跟拍虎鯨群，辨識出每隻虎鯨
背鰭的獨特形狀。

雄虎鯨的背鰭較高且
直，雌虎鯨則較彎。

鰭部可以看出打架或
被船隻螺旋槳打傷的
痕跡。

鰭部下墜表示生病或
年老。

備受威脅的鯨魚

數千年前的傳統民族就會獵捕鯨魚。18世紀開始，商業獵鯨興起，導致某些鯨魚種族數量已銳減90%。

有超過300年的時間，抹香鯨、藍鯨、露脊鯨一直因為捕鯨業而被大量獵殺，直至數量驟減至原有的10%，大翅鯨被獵殺至數量已少於2,000頭，目前正在復育中。北大西洋露脊鯨應該也只剩下500頭。

雖然如今國際法已限制多數的捕鯨活動，
但大多數鯨種仍面臨滅絕的危機，
而且，牠們也仍然備受人為環境影響。

今日的威脅

汙染物

汞、石化品、多氯聯苯及農業逕流積累於吃下魚類的鯨魚體內。有些死亡的白鯨受污染物嚴重汙染，必須以毒性廢棄物處理。所有濾食性鯨魚吃下磷蝦及浮游生物時，也會一併吞下塑膠微粒，威脅到鯨魚的健康及繁殖。

氣候變遷

隨著氣候變遷，北極覆冰量下降，人類持續拓展新航線及開發石油、天然氣產區。仰賴覆冰量及平靜捕食區的鯨魚種類如弓頭鯨、獨角鯨，處境堪憂。

噪音污染

有些鯨魚靠著遠距溝通找到彼此進行交配。
軍用聲納、海運、建築、化石燃料，都可能讓處於困境的族群產生更大的壓力。

過度捕撈

人類過度捕撈齒鯨賴以為生的諸多獵物。美國西北太平洋的帝王鮭數量衰減，使生活於南方的虎鯨數量驟減到不足75頭。鯨魚也會被船隻打傷，並經常被漁網捕捉。

海牛

儘管被稱為海牛，但和牠們血緣關係最近的卻是大象。這種脾氣溫和的素食主義者，身體可長達3.7公尺，重達450公斤。

牠們敏銳且善抓取的長鼻子上覆蓋著敏感的毛髮，便於選擇最柔軟的海草、植物及海藻，一天可吃下45公斤植物。海牛生活於水流緩慢的淺灘，牠們行動緩慢，像牛一樣吃草，而且可睡上大半天。

海牛可以在水面下停留15分鐘以上，游泳時每3至4分鐘呼吸一次。

海牛的壽命可超過60年。

因為海牛花了太多時間在水面上打盹，每年都有非常多的海牛被船隻撞死，許多存活下來的海牛背上也有螺旋槳造成的傷疤。

牠們也會落入漁網，或成為有毒藻類的受害者，也就是赤潮。

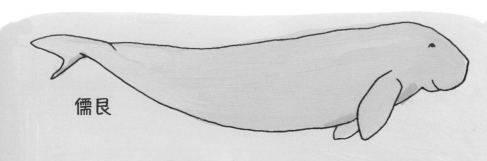

儒艮

海牛的表親，棲息於靠近澳洲的太平洋、印尼、印度、西非。與海牛平板式的尾巴不同，儒艮有著分岔的尾巴，看起來更像鯨魚的尾鰭。

第四章

熱鬧的沙灘
與潮間帶

沙灘的種類

各個沙灘的礦物質含量各有不同

珊瑚 →

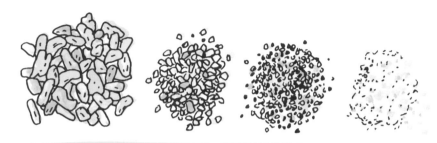

有珊瑚礁的沿海地帶，如加勒比海，其沙灘由微小的珊瑚微粒組成。鸚哥魚類以珊瑚裡的海藻為食，牠們在嘴巴、喉嚨裡磨碎堅硬的珊瑚，排出無法消化的微粒，製造出海灘上的沙子。

火山岩 →

夏威夷海灘會出現的火山沙，其黑色可能源於火山內部形成的玄武岩及黑曜岩。

下次你到海邊玩耍、堆沙堡、
或躺在沙灘上享受陽光，
好好地看看附近的沙子。

石英

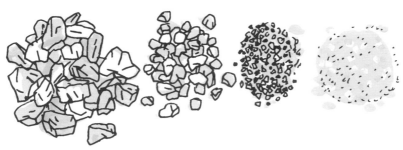

在非熱帶區，沙灘多由海浪拍打石英岩而成的二氧化矽沙組成。石英非常堅硬，是海浪拍擊最後被分解的礦物質。

貝殼

某些海灘上的沙灘全由貝殼微小碎屑組成。

沙灘也是許多動物的家。

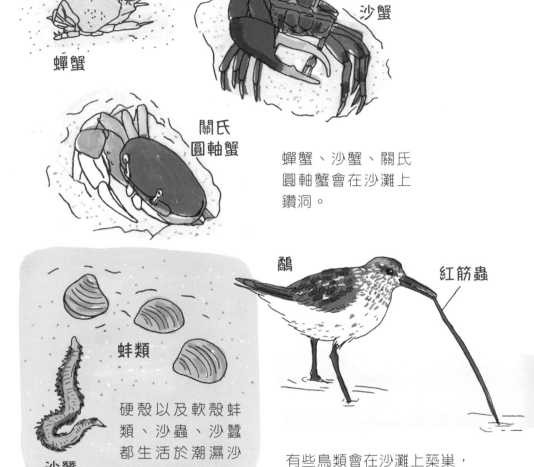

蟬蟹

沙蟹

關氏
圓軸蟹

蟬蟹、沙蟹、關氏
圓軸蟹會在沙灘上
鑽洞。

蚌類

沙蠶

硬殼以及軟殼蚌
類、沙蟲、沙蠶
都生活於潮濕沙
地的表面下。

鷸

紅筋蟲

有些鳥類會在沙灘上築巢,
如鷸類、剪嘴鷗、鴴類。

燕鷗

笛鴴

海灘的解剖構造

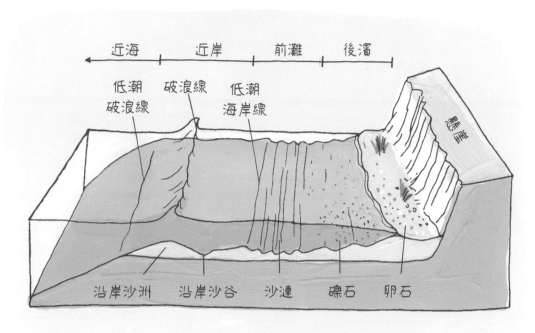

近海	近岸	前灘	後濱

低潮
破浪線　破浪線　　低潮
　　　　　　　　海岸線

潮崖

沿岸沙洲	沿岸沙谷	沙漣	礫石	卵石

沙茅草
也叫沙地蘆葦
或叫濱草

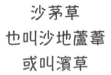

捲狀

這種草生長於濱海沙地沙丘
上，可穩固沙灘。捲狀葉片可
保留水分。

加利福尼亞海鷗

潮池

這些天然水族館可以讓我們近距離觀賞平常難以接近的美麗海洋生物。

潮池通常位於岩石露出的地方，只有低潮時才會暴露出來。

潮池住了各式各樣難以在持續變動環境下生存的動物。

貽貝、藤壺、牡蠣、陽隧足等濾食動物，會從潮池水中吸取微小的浮游生物。

陽隧足

藤壺

紫殼淡菜

海葵、海星、蟹類以蝸牛、軟體動物、小型甲殼動物為食，如橈足類、小型魚類。鮑魚喜歡吃海藻，蝸牛及笠貝則會用粗糙似舌頭的器官把石頭上的藻類給刮下來。

黃海葵

赭色海星

蠑螺

笠貝

鮑魚

粗腿厚紋蟹

在甲殼動物、小型魚類及蟲類後面，都可以看到杜父魚、白眼魚，甚至是肩章鯊竄來竄去。

黑瓜子鱲

斑點長尾鬚鯊

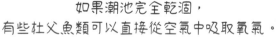
如果潮池完全乾涸，
有些杜父魚類可以直接從空氣中吸取氧氣。

海鷗、翻石鷸、蠣鴴及其他鳥類可以在低潮時窺探石頭中的貽貝、笠貝及藤壺。

蠣鴴

翻石鷸

寡杜父魚

85

潮間帶生態系

浪花區

高潮帶

低潮帶

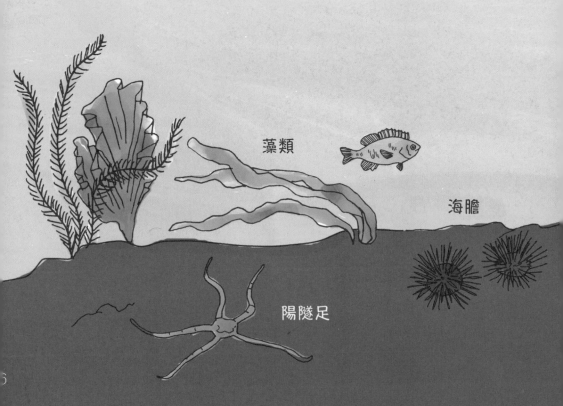

藻類

海膽

陽隧足

海鷗

粗腿
厚紋蟹

蠑螺

藤壺

牡蠣

微小海拔變化
顯露了潮間帶物種分布的
巨大差異。

貽貝

笠貝

白眼
海葵

寄居蟹

蛾螺

海星

海綿

海參

貝類的形狀

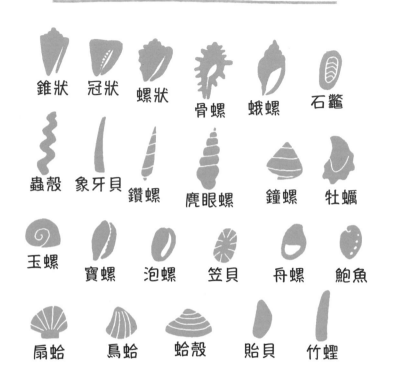

錐狀　冠狀　螺狀　骨螺　蛾螺　石鼈

蟲殼　象牙貝　鑽螺　麂眼螺　鐘螺　牡蠣

玉螺　寶螺　泡螺　笠貝　舟螺　鮑魚

扇蛤　鳥蛤　蛤殼　貽貝　竹蟶

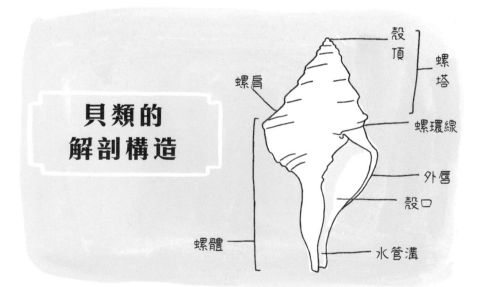

貝類的解剖構造

殼頂

螺塔

螺肩

螺環線

外唇

殼口

螺體

水管溝

貝類的種類

石鱉

瘤肋透孔螺

西部桶狀泡螺

梯子
海蜷

筆螺

白斑蛾螺

棕矮螺

白色
小舟螺

麥哲倫
海扇蛤

華麗鐘螺

西印度
梭螺

女王鳳凰螺

刺香螺

彩環塔蟹螺

紡錘螺

皇冠骨螺

美東
鵝足螺

右錐螺

乳白象牙貝

假條紋
松螺

尖骨螺

火焰筍螺

袖扣海兔螺

巴西麥螺

蚯蚓錐螺

海獅螺

獸皮蛹螺

星狀鐘螺

美東
枇杷螺

鴿子
鍋牛

螺紋鮑魚

玉黍螺

網點石鱉

車輪螺

捲管螺
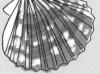

紫螺
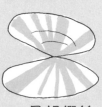

魁蛤

科利卡蛤

大西洋灣
扇貝

晨旭櫻蛤

斧蛤

簾蛤

琥珀筆蛤

紅薄
石鱉

玫瑰花瓣
櫻蛤

太平洋
粉扇貝

尖頭象牙貝

佛羅里達
芋螺

織紋寶螺

女神渦螺

玫瑰
骨螺

大蛇螺

加勒比海
寶螺

海菊蛤

紫金鐘螺

美東鬘螺

魚籃螺

光滑
麥螺

面具笠貝

塔螺

鳥尾蛤

鷹嘴殼
菜蛤

大西洋竹蟶

鷹翼
鳳凰螺

長牡蠣

海藻

海藻是超過10,000種水生大型藻類的通稱。

海藻生長於世界各處近岸岩石多的淺水區域，因為它們有葉綠素，能行光合作用，從陽光中產出能量，所以經常被認為是植物，但是，它們其實沒有真正的植物結構，如葉子、莖、根。

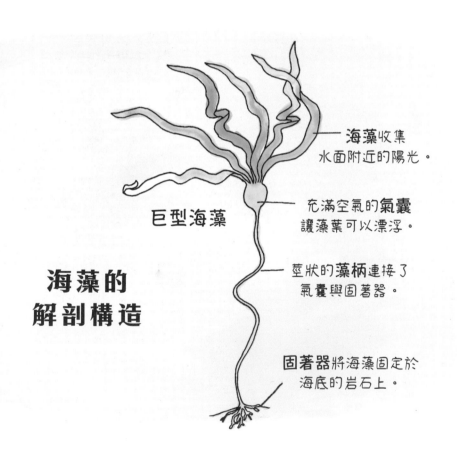

巨型海藻

**海藻的
解剖構造**

— 海藻收集
水面附近的陽光。

— 充滿空氣的**氣囊**
讓藻葉可以漂浮。

— 莖狀的**藻柄**連接了
氣囊與固著器。

固著器將海藻固定於
海底的岩石上。

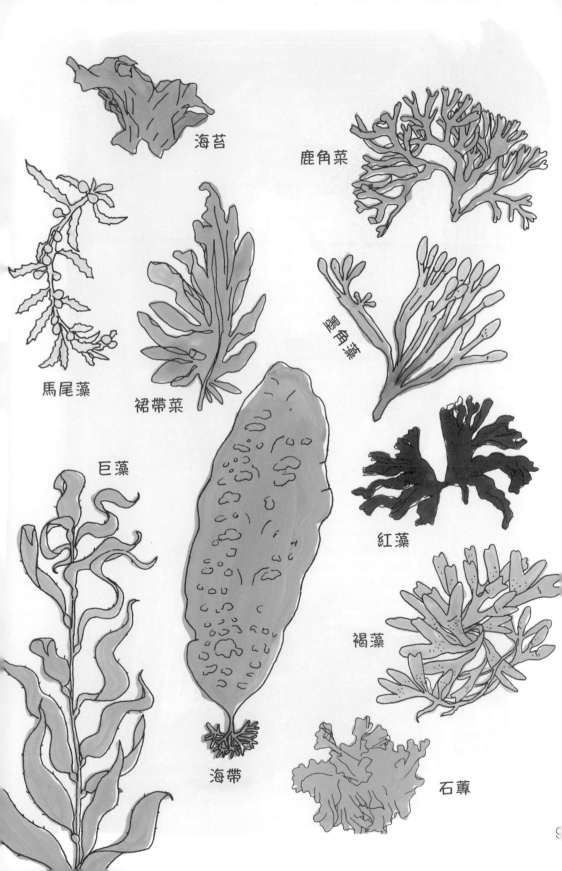

海苔

鹿角菜

馬尾藻

裙帶菜

闊葉藻

巨藻

紅藻

褐藻

海帶

石蓴

9

海藻森林

海藻扮演著至關重要的生態角色，為數千種生物提供食物及棲息地。在冰冷的海水中，許多魚種利用海藻森林繁衍下一代，保護小魚。

石斑魚

太平洋
海刺水母

豹紋鯊

海獺

海藻每天可生長超過30公分，提供食物給最惡名昭彰的草食動物，紅海膽。

最有創意的海獺下潛捕食紅海膽時，會用海藻葉綁住海獺寶寶。海鱸、螃蟹、水母、石頭魚、甚至是灰鯨，都生活於安全的海藻森林中。鸕鶿、海鷗、燕鷗及白鷺靠自己就能獲得獵物獎賞。

海藻森林中豐富的生命也會吸引捕食者前來，如鯊魚、海豹、海獅，牠們獵食時會躲在緊密的海藻林中。

美麗突額隆頭魚

海帶蟹

海膽可活200年！

紅海膽

巨堅鱗鱸

藤壺

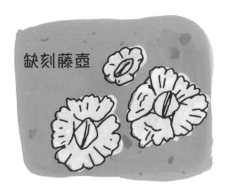

缺刻藤壺

鵝茗荷

泰坦巨藤壺

藤壺喜歡生活在淺水潮汐帶。牠們是濾食者，規律地伸展6對帶毛的腿，稱為蔓足，用來採集浮游生物及磷蝦。

身為甲殼類動物，藤壺與螃蟹、龍蝦的血緣關係，比貽貝、牡蠣等軟體動物更近。

藤壺有1,000個種類，大多數為雌雄同體，也就是說，牠們同時有雄性與雌性性器官。

就藤壺的體型來說，牠們有所有動物中最長的陰莖。

藤壺的
解剖構造

陰莖

蔓足
（腳）

鈣質板

有些藤壺種類會附著於活體生物上，增加接觸食物的機會，但鯨魚等宿主可能會因此受傷，因為藤壺會增加阻力，並助長其他寄生蟲侵擾宿主。

藤壺會經過兩個幼蟲階段：無節幼生期非常小、毛髮多，以微小浮游生物為食；來到腺介幼蟲期前，藤壺會褪去外骨骼數次。

腺介幼蟲不需進食，唯一任務就是找到安全的表面棲息。牠們喜歡豐沛水源中的粗糙表面，並且靠近其他藤壺，用觸角緊緊抓住表面，再用蛋白膠把自己黏在安全的地方。

藤壺幼蟲會被貽貝
及魚類捕食，
只有特定種類蛾螺及海星
才能突破藤壺成體堅硬的外骨骼。

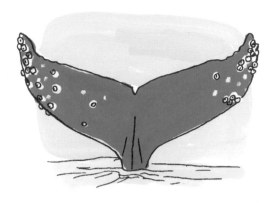

鯨魚尾巴上的
藤壺

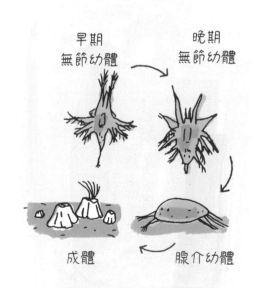

早期
無節幼體

晚期
無節幼體

成體

腺介幼體

藤壺的生活史

竹蟶

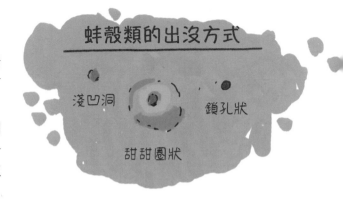

蚌殼類的出沒方式

淺凹洞　　鎖孔狀

甜甜圈狀

如果你在海岸線沙灘上看到貌似鎖孔的小洞，很可能就是竹蟶躲藏在這裡。竹蟶有尖銳、狹窄、可開合的殼。和所有蚌殼類一樣，牠們有雙殼可以從水中濾出養分。

竹蟶是一種非常難捕捉的生物，只要捕食者一有動靜，牠們就會馬上往下挖，甚至可鑽進122公分深的地面下。

竹蟶料理很美味，因此有些地方也開始限制採集，避免竹蟶滅絕。

沙灘上穴居

太平洋豆蟶

大西洋
刀蟶

噴液

岸鳥的種類

彩䴉

遷徙性彩䴉分布極廣，包括非洲、亞洲、澳洲、美洲。成對築巢的鳥類會用木棒及植物建造平台，以各種蟲類為食，也吃軟體動物及甲殼動物。

綠鷺

綠鷺吃魚、兩棲類、無脊椎動物，牠們會用小樹枝、昆蟲、羽毛或其他東西做餌，也會藉由溺死大型青蛙，使得進食更方便。

粉紅琵鷺

粉紅琵鷺是有扁平喙部的大型粉紅鳥，用寬廣的喙在半鹹水中搜捕魚類、昆蟲、小型蟹及兩棲類。

黑蠣鷸

黑蠣鷸生活於西美洲沿岸多岩區域。雖然名字與牡蠣相關，但比較喜歡貽貝，會用堅硬的喙撬開貝殼。蠣鷸通常只有單一伴侶。受威脅時會大吹口哨快速飛走。

磯鷸

磯鷸遍布歐、亞、非、澳等洲。牠們會在淺水域捕食昆蟲及小型甲殼類。磯鷸是一種會群聚的鳥類，發出高頻、顫音的口哨聲。

威爾森瓣蹼鷸

瓣蹼鷸獵食時會在淺水域上繞小圈，製造小漩渦把底部的無脊椎動物攪上來。雄瓣蹼鷸負責照顧幼鳥，雌瓣蹼鷸會爭奪雄瓣蹼鷸，每到了繁殖季，雌瓣蹼鷸都需要多位雄性伴侶。

反嘴鷸

反嘴鷸有奇特上翻的喙部，非常好辨識。在鹽沼水中搖擺喙部以捕食昆蟲及磷蝦，這種行為稱為「掃食法」。牠們會一大群集體築巢，積極防禦入侵者。

三趾鷸

三趾鷸繁殖於北極圈，但會移居到遠方的南非及澳洲。如同其他鷸科鳥類的近親，三趾鷸會沿著海岸線遷徙，跟著海浪快速移動，短暫停留，捕食沙灘上的小型蟹類或馬蹄蟹卵。

長嘴杓鷸

杓鷸與三趾鷸屬於近親，會利用長且彎曲的喙，捕食軟泥及軟沙中的蠕蟲、昆蟲及甲殼類，蹤跡遍布全世界。

黑脊鷗

海鳥的種類

信天翁

體型碩大的信天翁翼展可達3.4公尺，體型冠居所有鳥類，壽命可超過40年。信天翁肩腱特殊，可以毫不費力地維持展翼，效率極高地飛行。少數信天翁種類正瀕臨滅絕危機。

軍艦鳥

軍艦鳥是飛行高手，牠們的骨頭只佔體重的5%，已知可連續數週停留在空中，甚至就連睡覺時都在飛行。雄軍艦鳥會膨脹亮紅色喉囊吸引異性。

白尾熱帶鳥

熱帶鳥非常能適應海上生活，牠們的腿無法在陸地上支撐身體，會潛入海裡捕捉飛魚及魷魚。

藍腳鰹鳥

藍腳鰹鳥潛入海中獵食，捕食後會接著游泳。藍腳鰹鳥相對不怕人，經常停在船上。

褐鵜鶘

褐鵜鶘有長達30.5公分的喙，翼展可達2.2公尺。牠們會以小隊型式盤旋於海面上，潛入水中捕魚，有時會一次捕很多魚，然後放進大大的喉囊中。

海鳩

身為海雀家族的一分子，海鳩實在稱不上好的飛行者及步行者，但卻是游泳健將，牠們會用翅膀推進，就像在水中飛行。有些種類可以潛入水下92公尺捕食魚類及磷蝦。

近海魚的種類

濱海一帶溫暖淺水域的岩石、海藻、珊瑚、漂流木，是許多常棲魚類、洄游魚類的避風港及糧草。如果你在水中靜止不動，或用呼吸管及潛水面鏡，就能看到在捕食或交配的近海魚種。

岩石
蝦虎魚

岩石蝦虎魚是一種小型的底棲魚。雄魚負責照顧及積極保護雌魚在石頭間或空貝殼裡下的蛋。1869年，岩石蝦虎魚透過蘇伊士運河從地中海遷徙至紅海。

牛首杜父魚是杜父魚的一種，以鰍魚、甲殼動物、軟體動物為食，沒有魚鱗，但可藉由腮板上的硬脊，以及頭部與身體周邊的骨性隆凸保護自己。深海杜父魚停止游動時會沉入海底，因為牠們缺少能提供浮力的魚鰾。

牛首
杜父魚

鰍魚

鰍魚是彩色魚家族的一員，有皮膚沒有魚鱗。有些鰍魚會用胸鰭在海底「行走」，喜歡隱密的藏身之地；有些會在沙質海底挖洞，或躲在廢棄的貝殼中。

圓鰭魚

圓鰭魚是長相奇怪、圓滾滾的小型魚類，很難游動。骨盆上的黏性吸盤可以黏在石頭上。圓鰭魚吃軟體動物、蠕蟲和小型甲殼動物。

海鰻可以生活於近海或更深的海域。牠們有第二組內顎以便捕捉獵物，引導獵物進入食道。海鰻有非常敏銳的嗅覺，有些種類可以直接從皮膚分泌有毒黏液，大多數海鰻皆為夜行性。

海鰻／鯙

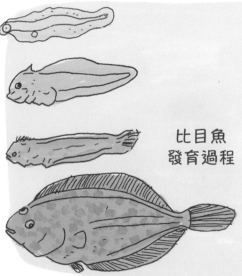

**比目魚
發育過程**

比目魚（又稱齒牙鮃）會躺在淺灘海底等待獵物，牠們可以一直變換身上的斑點顏色以隱藏自己。每種比目魚都是右躺，幼體期時，右邊的眼睛就會移到左邊頭部上。

螃蟹的
解剖構造

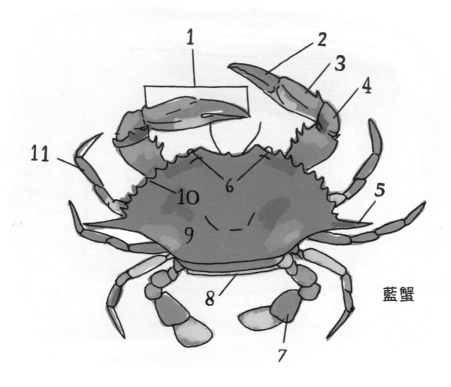

藍蟹

1.	螯	7.	泳肢
2.	趾	8.	腹節
3.	掌節	9.	背甲／殼
4.	腕	10.	前側棘
5.	側棘	11.	步足
6.	眼睛		

螃蟹是甲殼類動物，有堅硬的外骨頭和10隻腳，包括蟹螯。數千種海蟹中大多數是清除性的雜食動物，吃海藻、軟體動物、蠕蟲及其他甲殼動物，或是遇到的動物屍體。

紅石蟹

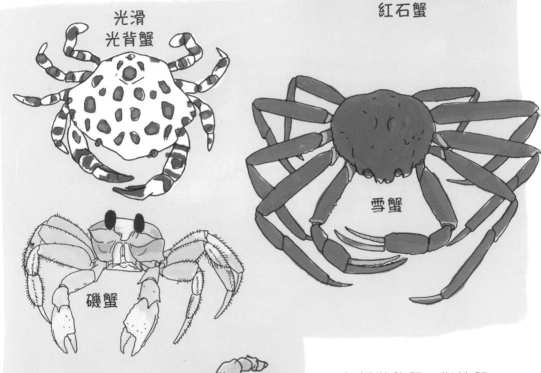

光滑
光背蟹

磯蟹

雪蟹

鈍額曲毛蟹
／裝飾蟹

包括裝飾蟹、蜘蛛蟹、偽裝蟹的數種螃蟹，會用海綿、海藻，甚至是帶刺的海葵來隱藏牠們的外殼。

小型蟹

豆蟹

豆蟹是寄生蟲類，生存於牡蠣或其他雙殼類的鰓中。

巨型蟹

甘氏
巨螯蟹

甘氏巨螯蟹有節肢動物中最長的臂展，從左螯到右螯可達4.6公尺。

寄居蟹

寄居蟹的下腹部沒有堅硬的外骨骼，為了保護自己，牠們會將蜷曲的後腳滑進海蝸牛的空殼中。有時，寄居蟹會以鋁罐、塑膠容器、堅果殼或是木頭碎片來取代空殼。

隨著身形越來越大，寄居蟹也必須移居更大的殼中。某些地方的空殼競爭賽非常緊張，寄居蟹會排隊等待周遭更大的殼，直到符合尺寸的下一隻寄居蟹到來，牠們才會拋棄現有的殼，移居更大的殼。接著就是一連串交接，等待許久的寄居蟹開始交換殼，移向被前主人遺棄的大殼中。

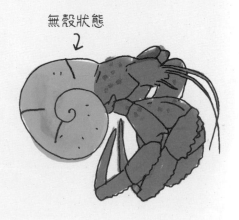

塑膠蓋

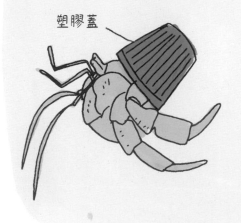

無殼狀態

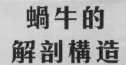

蝸牛的
解剖構造

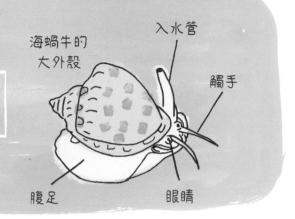

海蝸牛的
大外殼

入水管

觸手

眼睛

腹足

紫色
海蝸牛

大法螺

犁蝸牛

海蝸牛是生活於海水的腹足類，可以把柔軟的身體藏進殼裡。大多數海蝸牛可以把自己完全封進腳上堅硬圓盤狀的殼中，稱為鰓蓋。

海蝸牛具有專門刮下食物的舌頭，稱為齒舌，從海藻到海星都吃，也可以用齒狀、帶狀的舌頭鑽進蚌蛤類堅硬的殼中吃掉牠們。

織錦芋螺

腹足類就是
「腹與足」的組合

玉螺

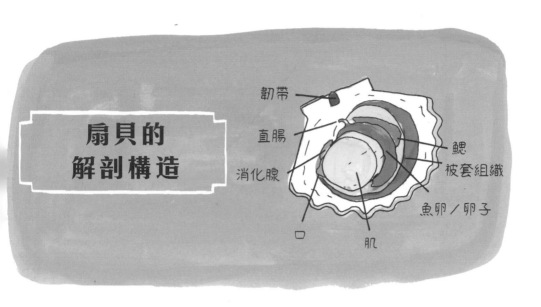

扇貝的解剖構造

韌帶
直腸
消化腺
口
肌
鰓
被套組織
魚卵／卵子

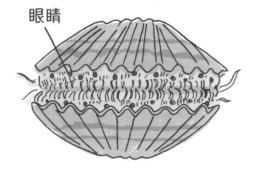

眼睛

在少數雙殼貝類中,唯一能在水中自由移動的就是扇貝,可以不依附於水下生物或物體生活。當扇貝受到威脅,就會把殼內的水分抽出,顛簸但快速地游走。

雖然牠們沒有腦部,但殼邊緣有很多構造簡單的眼睛,能藉此偵測到捕食者是否在附近。

第五章

下潛！
往深海出發

海床

海洋只有5%的海床已被探索，其餘都是未開發的神祕地帶，我們已經知道有龐大數量與種類的生物都住在、甚至住進海床裡。

根據某地區的地質狀況，海床可能由沙子、石頭、泥土或軟泥組成，幾乎一半的海床都被有機體沉積物的軟泥，以及微生物空殼等動物殘骸覆蓋。在某些地區，沉積物可厚達數公里，想想，1,000年才能累積5公分厚的軟泥，這是多麼不可思議的數字啊！

英國多佛知名的白崖
是數百萬年來生物軟泥的產物，
壓縮成海床上的白堊沉積物。

海參

海參屬於棘皮動物，和海膽、海星是近親。在海參黏糊糊的皮膚下有鈣結節，形成一種型骨狀結構。

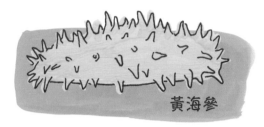

黃海參

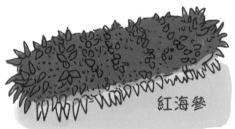

紅海參

海參會沿著海床覓食，以浮游生物、海藻及小型動物為食。有些海參會埋進基質中，張開分岔的觸角從水裡搜羅食物。

受到攻擊時，有些海參會從尾端推出有黏性、刺刺的細絲。

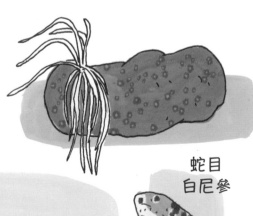

蛇目
白尼參

隱魚是一種細長魚種，
牠們發展出一種能力，
可以為了安全在海參肛門裡生活，
以躲避捕食者。

深海狗母魚

深海狗母魚有髖骨和3倍身長的背鰭，牠們靠這些又長又硬的鰭，靜靜地站在海底等待獵物。深海狗母魚的視力很差，牠們會等著小型魚類及甲殼動物撞上向上擴展的背鰭，再掃進嘴裡。

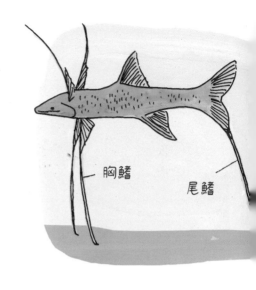

胸鰭

尾鰭

因為牠們經常
獨自生活在深海中，
可以自行讓卵受精，完成繁殖。

一起獵食：
石斑魚與海鱔

石斑魚
與海鱔

石斑魚與海鱔生活於海床上的暗礁或多岩區域。顯而易見地，牠們彼此之間並不會競爭，這些截然不同的捕食者親密無間地合作獵食。

石斑魚會在海鱔的巢穴附近搖搖頭，示意海鱔可以出來捕食了。石斑魚會把魚嚇進只有海鱔能進去的縫隙，並以垂直游向指出魚的所在地。同樣地，海鱔也會把魚嚇出狹小的躲藏處，讓石斑魚大啖美食。

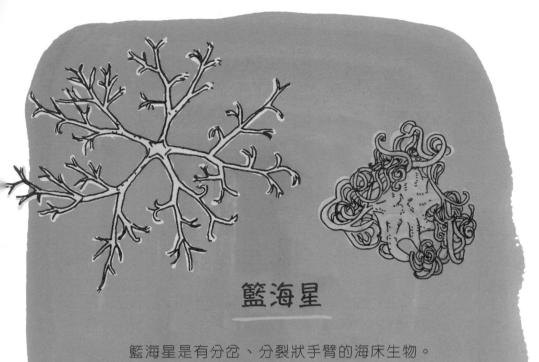

籃海星

籃海星是有分岔、分裂狀手臂的海床生物。
這些大型海星可以用纖弱的手抓住浮游生
物，用黏液固定獵物，再緩慢地送進嘴裡，
就算籃海星的手被魚攻擊也能再長回來。

籃海星可活數十年，
身長可達60公分。

章魚的
解剖構造

1. 眼睛　　　4. 虹管
2. 觸角　　　5. 套膜
3. 吸盤

章魚有8隻敏銳的手臂，每隻手上都有2圈吸盤。他們靠套膜中有力的體管呼吸及推動水流前進。章魚的身體柔軟，但有堅硬的嘴部能咬碎螃蟹、雙殼貝類及其他甲殼動物來填飽肚子。章魚也具備有毒腺體，可用來麻痺獵物。

為了躲避獵食者，
章魚可以改變
皮膚的顏色及觸感，
甚至是身體的形狀，
好在環境中隱藏自己。

雌性

雄性

全世界的海域都有章魚出沒，牠們喜歡靠近海底的暗礁及多岩區，非活躍獵食期就能躲進縫隙裡。章魚在1至5年的生命中只會交配一次，雄章魚會用特定的觸手將一小批精液送進雌章魚體內，不久後，雄章魚就會死亡。

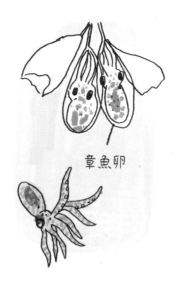

章魚卵

雌章魚是非常貼心的媽媽，牠們會將超過10萬顆卵附著於巢穴內部，連續數月，溫柔地將新鮮海水吹向卵，這段期間都不會離開，甚至不會進食。小章魚孵化後不久，雌章魚很快就死亡。

章魚展現了高等動物智力的行為。在人工飼養的經驗裡，章魚可是惡名昭彰的逃跑藝術家，只要有任何比嘴大的洞，牠們就會推動身體穿過洞，也可以轉開蓋子、打開門閂，也曾經越池獵捕隔壁的生物，然後再回到自己的圍欄中。

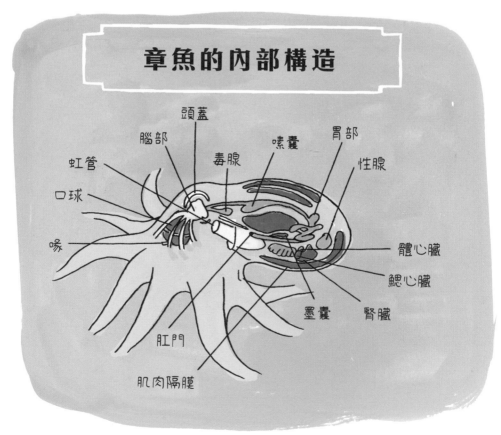

章魚的內部構造

頭蓋
腦部
嗉囊
胃部
虹管
毒腺
性腺
口球
喙
體心臟
鰓心臟
墨囊　腎臟
肛門
肌肉隔膜

魷魚vs.烏賊

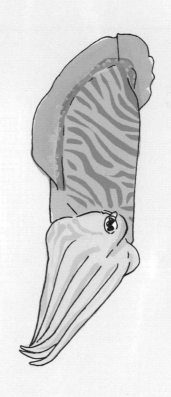

- 圓圓的瞳孔
- 細長、苗條的身體
- 鰭位於套膜尾端
- 位於內部、半透明、有彈性的「筆」狀構造
- 行動迅速
- 生活於開放海域

- W形的瞳孔
- 龐大、較寬的身體
- 鰭與套膜一樣長
- 脆弱、似骨頭的內部構造
- 行動較慢
- 生活於海底

魷魚

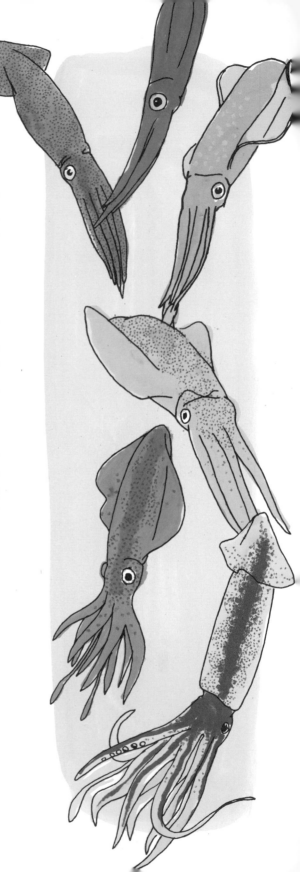

有2隻長且帶刺的觸角，8隻較小的腕足上有吸盤，牠們會用大大的眼睛找到魚類及甲殼動物，許多魷魚甚至會獵食同類。

魷魚會用體管噴射推進，並且拍打頭鰭，好讓自己在水中快速移動。有些魷魚只有30公分，但大王酸漿魷的身體卻可以長達12公尺，成為無脊椎動物中體型最大的動物。

牠們是社交動物，有時會數千隻成群游泳。求偶期及捕獵訊號都靠改變膚色來溝通，也會利用變色能力躲避捕食者，或在獵物面前隱藏自己。

大王酸漿魷擁有所有動物中最大的眼球。

烏賊

烏賊屬於動作較慢的魷魚近親，牠們有特殊能力，能透過改變膚色、皮膚質地與身體形狀來進行溝通。烏賊表皮能製造脈動及頻閃；可以變得多棘狀、珊瑚狀或非常滑順，也能同時於身體兩側發出不同的訊號。雄烏賊甚至可以變得像雌性，騙到體型更大的雄烏賊。

歐洲烏賊

澳洲
巨型烏賊

鸚鵡螺

數億年來，6種已知鸚鵡螺品種一直沒有太大改變。不像其他頭足類，鸚鵡螺本身就有很大的外殼可以保護自己，也能在水中控制浮力。

珍珠

當帶殼的軟體動物受傷，或是有
小小的外來物被困進殼中，例如
沙子，就會形成珍珠。軟體動物
會在殼的內部製造出一層層光亮
的珍珠層，堅硬的虹彩物質，我
們稱為珍珠母。

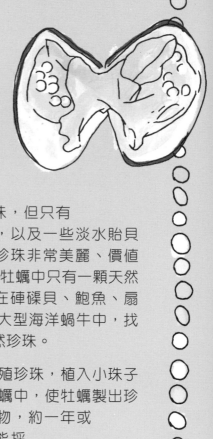

所有帶殼的軟體動物都能形成珍珠，但只有
少數幾種海洋珍珠貝（鶯蛤科），以及一些淡水貽貝
類能製出真正的珍珠寶石。天然珍珠非常美麗、價值
不菲、數量稀少；通常每千隻牡蠣中只有一顆天然
珍珠。非常偶然才會在硨磲貝、鮑魚、扇
貝、海螺，甚至是大型海洋蝸牛中，找
到令人驚喜的天然珍珠。

人類也能製出養殖珍珠，植入小珠子
或一些組織於牡蠣中，使牡蠣製出珍
珠層包裹著侵入物，約一年或
更久的時間，就能採
收閃亮的成品。

目前發現最大的天然珍珠
是普林賽薩之珠
（pearl of puerto），
形狀古怪，重達32公斤！

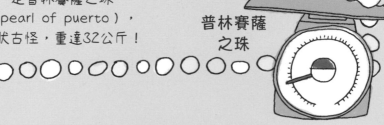

普林賽薩
之珠

龍蝦的解剖構造

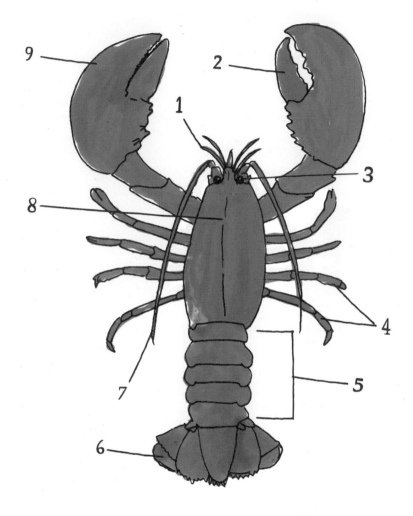

1.小觸角　　　6.尾鰭
2.固定鉗　　　7.觸角
3.眼睛　　　　8.背甲
4.步足　　　　9.破碎鉗
5.腹部

龍蝦

這種最大型的甲殼動物有10隻腳,其中3對有螯,牠們有力的尾部同時也是腹部。龍蝦是夜行性動物,以魚類、軟體動物、蠕蟲、其他甲殼類及海藻為食。

龍蝦在良好的條件下
可活上數十年。

小龍蝦要成為典型的龍蝦樣貌以前,需經歷數個幼生期。龍蝦一生都不會停止生長、脫去外骨骼,這個過程會重複數十次,每次脫殼後就會把舊殼吃掉。

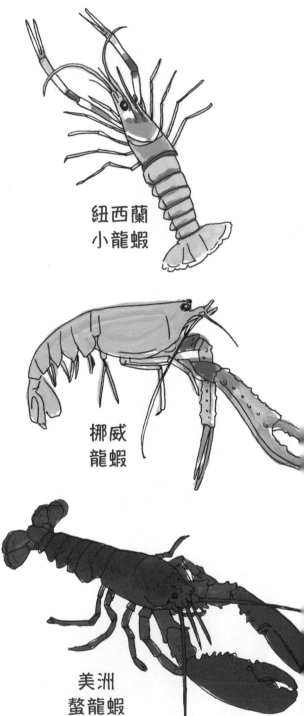

紐西蘭
小龍蝦

挪威
龍蝦

美洲
螯龍蝦

玫瑰色
龍蝦

蝦與明蝦

蝦與明蝦是許多十足類、棲息於水中、有強壯尾部的甲殼類通稱。尺寸從只有0.5公分的皇帝蝦（emperor shrimp），到一個腳掌長大的草蝦都有。

牠們有發展完整的眼睛，位於眼柄末端，因此蝦子擁有絕佳的全景視野。一般有兩組小觸角——較長的用於在漆黑海床上導航，短的用來探查獵物。

槍蝦（pistol shrimp）捕食方式是用螯猛力夾產生巨大聲響，震暈獵物。

蝦子使用像腳的鰭推動自己，稱為泳肢，也可以用力拍打整個尾部，快速遠離捕食者。

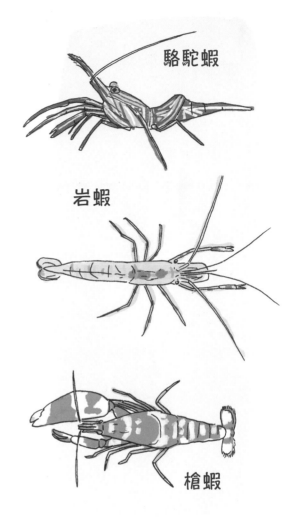

駱駝蝦

岩蝦

槍蝦

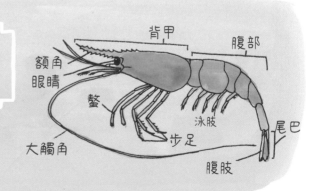

蝦類的解剖構造

背甲　腹部
額角
眼睛
螯
泳肢
大觸角
步足
尾巴
腹肢

海星

牠們並非魚類，屬於棘皮動物，與海膽是近親，因此最恰當的稱呼就是海星。大多數種類有5隻肢體，但仍有些種類有更多分肢，如向日葵海星就有24隻手。牠們有堅硬、鈣化的皮膚，當獵食者傷害了其中一肢，海星可以再重新長出來。

從熱帶到北極
各處的海底
都有海星的蹤跡。

眼點

手臂

每隻分肢的附近
都有數百個管足，
從底部推動牠們，
達到如同鰓進行呼吸的功用。

管足

海星移動得非常緩慢，大多
數海星每分鐘只能移動幾公
分，靠感覺以及手臂末端的
簡易眼點導航。

海星吃扇貝、軟體動物、
珊瑚、蝸牛、海綿、海
藻、牡蠣。許多種類的海
星可以把整顆胃推出身
體，進入扇貝殼中釋出消
化用的化學物質，當場吃
掉軟體動物。

海葵

牠們看起來像是五顏六色、色彩斑斕的花朵,但海葵屬於名為刺胞動物的海洋動物群,與水母及珊瑚是同類。

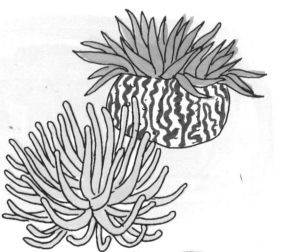

上千種的海葵中,大多數都會把自己附著於石頭、珊瑚、貝類上,或把自己的足部埋在海底,在同一定點停留很久。有些海葵會緩步走過海底,或把自己完全攤開,滾動或漂到更好的獵食地點。

海葵生長得很慢,可以活上80年,甚至更久。

有些海葵可吸收
含有海藻的珊瑚，
汲取牠們產出的
醣類及氧氣。

無性生殖的特殊方式，使得海葵可
以分裂身體的一部分，形成全新的
個體。有些海葵同時擁有雄性與雌
性的性器官，有些會在一生中的不
同時刻改變性別。

海葵擴展牠們的觸手捕捉浮游生
物、小型魚類、甲殼動物及軟體動
物。每隻觸手都有小小、帶刺的魚
叉，稱為刺絲胞，可以固定獵物，
擋住獵食者。受到威脅時，海葵可
以把觸手完全縮回柄中。

除了小丑魚以外，
還有數種生物可以安全地
生活於海葵的觸手中，
如小型蝦、蟹。

辨識海龜

平均長度 / 體重	頭部	龜殼
肯氏龜 61公分 / 38.6公斤		
欖蠵龜 61公分 / 36.2公斤		
平背龜 76.2公分 / 77.1公斤		
玳瑁 91.5公分 / 81.6公斤		
赤蠵龜 91.5公分 / 136公斤		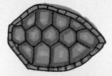
綠蠵龜 152.4公分 / 158.8公斤		
革龜 213.4公分 / 544.3公斤		

認識海龜

海龜是呼吸空氣的爬行動物，除了寒冷的極地區域，所有海洋都見得到海龜的蹤跡。牠們一生的大多數時間，都在海洋中長距離遷徙。

海龜有7種，獵食對象因品種而異：

- 革龜吃水母

- 玳瑁海龜幾乎都吃海綿

- 成長期的綠蠵龜吃動物及植物，成龜只吃海草及海藻

- 赤蠵龜、平背龜、肯氏龜、欖蠵龜都屬於雜食性動物，吃魚、蝦、海藻、海參、軟體動物、刺胞動物、海星、海草、蠕蟲

尾巴　龜殼　背脊

後鰭肢

前鰭肢

粉紅色斑點

（科學家認為斑點可幫助感受季節變換）

棱皮龜

玳瑁

赤蠵龜

平背龜

欖蠵龜

綠蠵龜

當海龜獵食的時候,可以在水下待30分鐘左右。令人詫異的是,牠們睡覺時可以在水中待上4小時,而且完全不用呼吸。

肯氏龜

雌龜準備好產卵時，牠會在夜裡爬上安全的沙灘，用鰭肢挖個洞，在洞裡產下50至數百顆粗糙如皮質的卵。接著牠會用沙子蓋住卵，把洞掩蓋住，讓孩子可以安全地度過45至60天的孵化期。

如果沙灘溫暖，孵化的幼龜多半是雌性；
如果沙灘寒冷，大多會是雄性。

幼龜通常會在晚上孵化，然後向上挖洞離開，冒險衝向安全的大海。有時，有將近一半的幼龜在孵化後還來不及衝到海裡，就會被飢餓的鳥類、蟹類以及哺乳動物給吃掉。

成長期的海龜會在開放海域生
活，一直到性成熟。牠們約
莫會在15至20歲時，為
了繁衍下一代而移
向沿海地區。

海豚、鯊魚、海
鳥、虎鯨都會獵
食少年及成年海龜，
除了上述這些風險，人
類文明也對海龜造成了影
響，使得7種海龜中，有6種被
列為受威脅物種及瀕危物種。非
法捕獵或盜採貝類，用釣魚線、漁
網困住海龜，濱海發展、氣候變遷及污
染，都使得孵化的幼龜存活率不足1%。

海洋中的大遷徙

許多海洋動物會長途遷徙到主要獵食領域，或是繁殖產卵區。科學家使用電子追蹤器及人造衛星追蹤數種個體，好了解牠們漫長旅途的距離及路線。

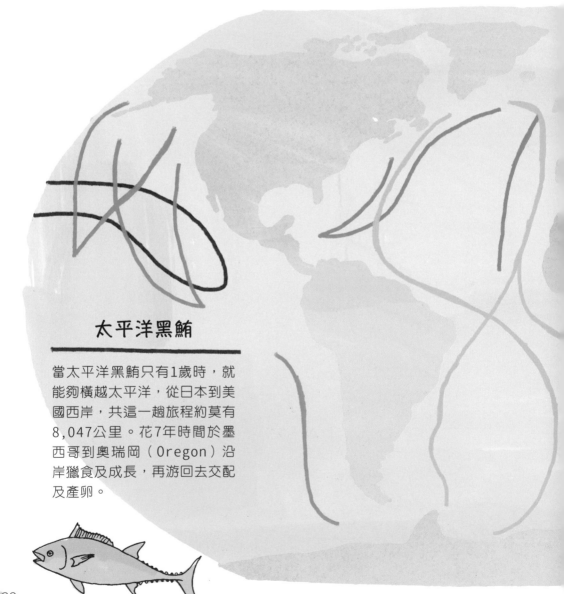

太平洋黑鮪

當太平洋黑鮪只有1歲時，就能夠橫越太平洋，從日本到美國西岸，共這一趟旅程約莫有8,047公里。花7年時間於墨西哥到奧瑞岡（Oregon）沿岸獵食及成長，再游回去交配及產卵。

座頭鯨

世界上最長的哺乳類遷徙距離是座頭鯨。一年中的大多數時間，牠們都在捕食磷蝦及小型魚類，因為水溫太冷無法飼育幼鯨，必須遷移到赤道附近較溫暖的水域，進行交配及生產。座頭鯨會游個9,650公里左右，鮮少停下來休息，從南極洲到哥斯大黎加，或從阿拉斯加到夏威夷，都只需要5至8週。

北極燕鷗

漫長遷徙的紀錄保持者是北極燕鷗。根據紀錄，這種海鳥曾在1年內飛行了80,000公里。北極燕鷗用曲折的路線從北極飛到南極，然後再返回，飛越大洋區。一隻燕鷗一生可能飛越160萬公里。

第六章

繽紛的 珊瑚礁

珊瑚礁

珊瑚礁一共有三種：裙礁、堡礁、環礁。

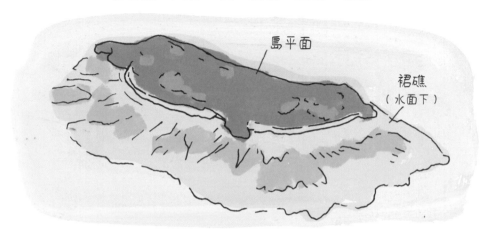

島平面

裙礁
（水面下）

裙礁

裙礁是最常見的珊瑚礁種類。從
沿岸向外生長，裙礁及陸地之間
只有非常淺的一段水層。

堡礁

堡礁也和沿岸平行生長，但
堡礁與陸地之間有潟湖或深
海區域。

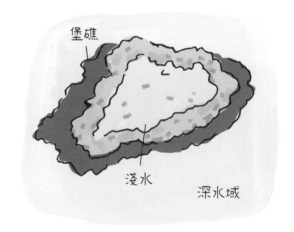

堡礁

淺水

深水域

環礁

環礁是環狀島嶼，圍繞著潟湖。經過極長的時間，洋底火山沉進水平面底下，留下周圍的堡礁在附近繼續發展。這些珊瑚礁持續成長的速度，比消退的火山更快形成環礁。

珊瑚需要溫暖、乾淨的水源才能繁盛，因此大多數環礁都位在印度洋及太平洋的熱帶、亞熱帶區。

通常環礁外圍的珊瑚礁仍是生機蓬勃的生態系統，但內環的珊瑚則通常是瀕臨死亡，主要是因為與開放海域隔絕了。潟湖美麗的綠松石色源於早期珊瑚礁崩解的石灰岩。

環礁鮮少生長到
高於海平面4.6公尺，
因此海平面上升
會逐漸淹沒它們。

環礁如何形成

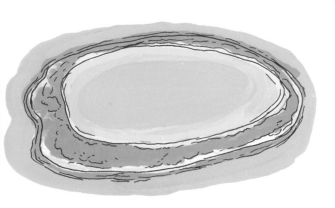

珊瑚礁區

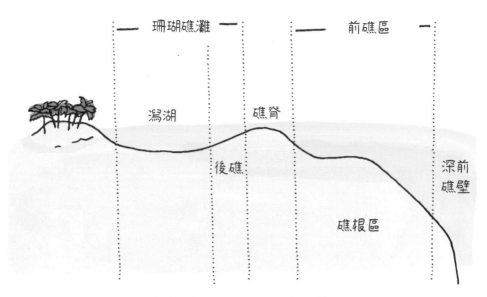

同種類的珊瑚在不同的礁區
可能會有不同樣貌。

礁灘	由於溫度、氧氣、日照、鹽分範圍廣，導致環境條件相對極端，這也表示比起其他區段，礁灘擁有的生物多樣性較低。
後礁	後礁很淺，可抵禦海浪，可能有小塊活珊瑚礁及珊瑚碎石。
礁脊	礁脊是珊瑚礁最高的點，海浪會在此觸礁破碎。低潮時礁脊可能會露出，在這個艱難條件下，意味著珊瑚必須夠強壯且適應力強。
深前礁壁	前礁區面海的一側會形成垂直牆面或急速下降。深度約4.6至20公尺處，有極豐富的生物多樣性，許多生物均在此生活。

珊瑚蟲

珊瑚蟲是構造簡單的動物，長度不超過0.3公分。數千隻珊瑚蟲集體生活於聚落中，形成珊瑚結構。每隻珊瑚蟲都有帶著刺細胞的捕食觸手、嘴巴和消化用的絲狀構造。

珊瑚聚落
可視為一個獨立有機體，
因為珊瑚蟲
是以非常薄的活性組織
相互連結。

珊瑚組織中有微小的植物細胞，名為共生藻。珊瑚及海藻都是絕對共生物，也就是必須依靠別的生物才能存活，珊瑚提供安全的環境給海藻，以及行光合作用所需的化學物質；而海藻也提供組織及骨骼生長的必需化合物給珊瑚，兩者的互惠關係，增強了珊瑚礁充沛的生產力。

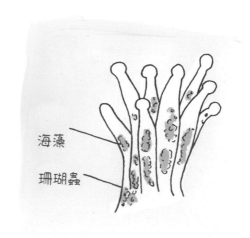

海藻

珊瑚蟲

珊瑚的種類

有2,000個品種，約莫一半是石珊瑚，有堅硬的鈣化骨骼，另一半則是軟珊瑚。

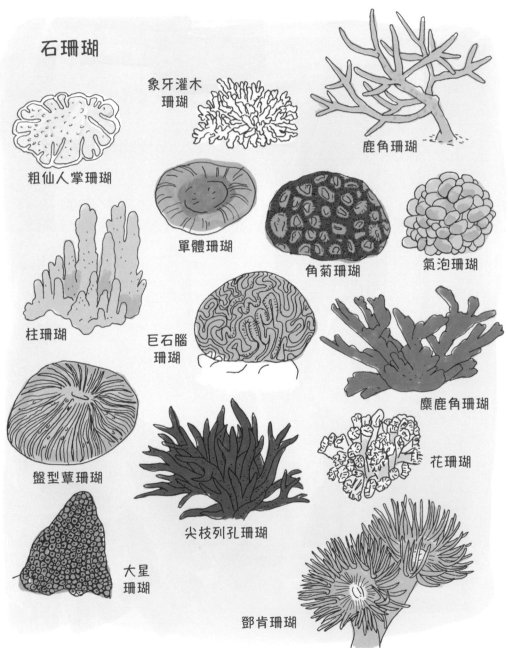

石珊瑚

象牙灌木珊瑚

鹿角珊瑚

粗仙人掌珊瑚

單體珊瑚

角菊珊瑚

氣泡珊瑚

柱珊瑚

巨石腦珊瑚

麋鹿角珊瑚

盤型蕈珊瑚

花珊瑚

尖枝列孔珊瑚

大星珊瑚

鄧肯珊瑚

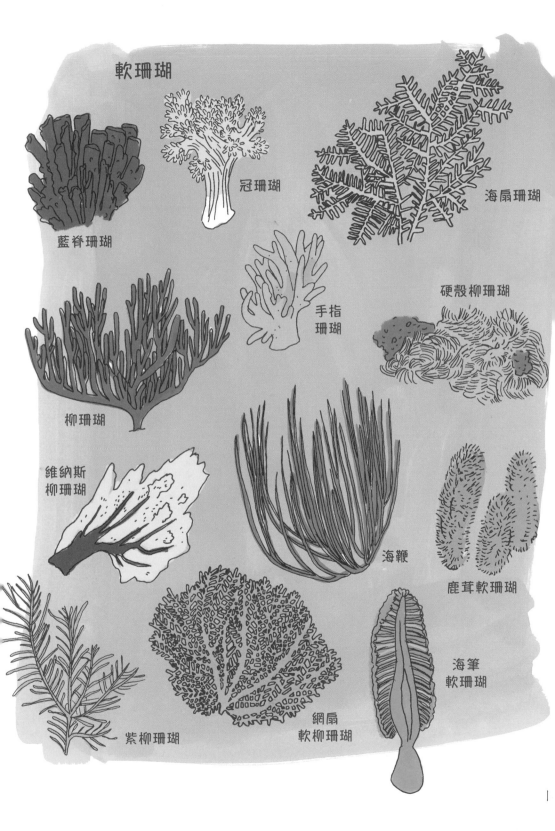

軟珊瑚

藍脊珊瑚

冠珊瑚

海扇珊瑚

硬殼柳珊瑚

手指珊瑚

柳珊瑚

維納斯柳珊瑚

海鞭

鹿茸軟珊瑚

紫柳珊瑚

網扇軟柳珊瑚

海筆軟珊瑚

珊瑚礁裡的魚

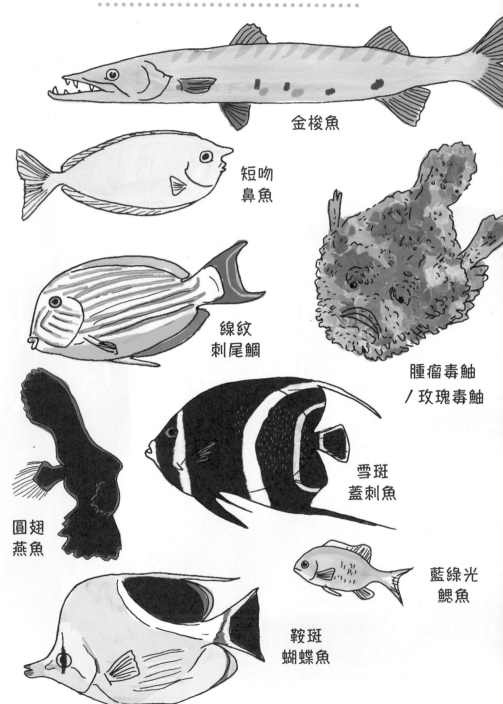

金梭魚

短吻
鼻魚

線紋
刺尾鯛

腫瘤毒鮋
/ 玫瑰毒鮋

圓翅
燕魚

雪斑
蓋刺魚

藍綠光
鰓魚

鞍斑
蝴蝶魚

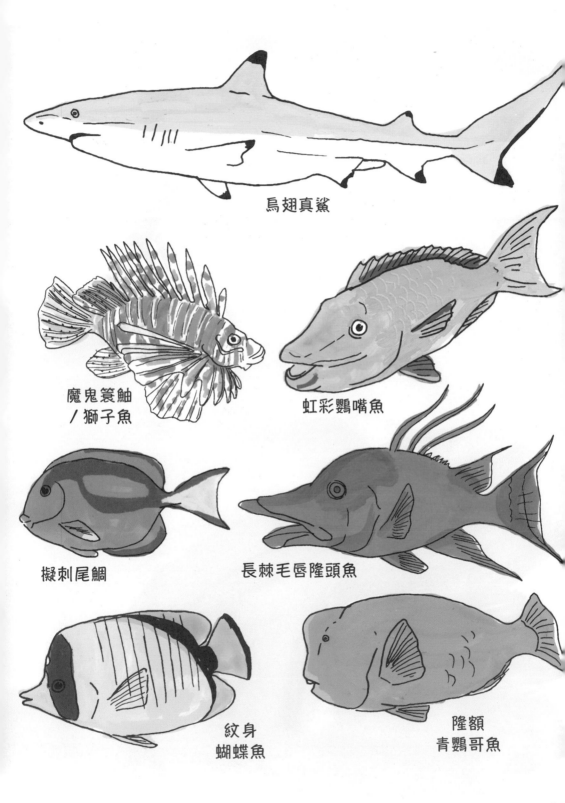

烏翅真鯊

魔鬼簑鮋
／獅子魚

虹彩鸚嘴魚

擬刺尾鯛

長棘毛唇隆頭魚

紋身
蝴蝶魚

隆額
青鸚哥魚

149

大堡礁

澳洲東岸座落著地球上最大，且由動物建造的自然建築：大堡礁。大堡礁全長2,253公里，覆蓋面積幾乎和美國加州一樣大，這也是地球有史以來最大的珊瑚礁群。

這個自然世界的奇蹟之作擁有驚人的生物多樣性，裡頭住著3,000種魚、215種海鳥、400種珊瑚，以及數百種軟體動物及海草。

大堡礁中大多數的活珊瑚結構都已活了6,000年。

在理想的條件下，珊瑚礁一年可以成長2.54公分至22.9公分。但就如世界上其他地方的珊瑚礁，大堡礁處境一樣令人堪憂，自1980年代中期，已經有一半以上的珊瑚死亡，原因包括農業逕流、過度捕撈海洋生物，全都是威脅，還有海水暖化造成嚴重的珊瑚白化，都對珊瑚礁造成永久損傷。

海馬的
解剖構造

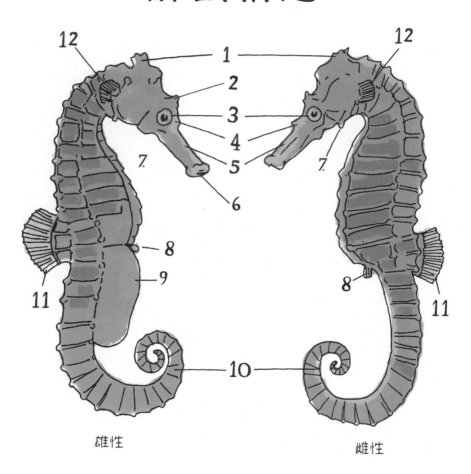

雄性

雌性

1. 冠頂
2. 眼棘
3. 眼睛
4. 鼻棘
5. 吻部
6. 嘴
7. 頰棘
8. 臀鰭
9. 孵卵囊
10. 尾部
11. 背鰭
12. 胸鰭

海馬是小型硬骨魚，游泳時呈筆直狀，有皮膚但沒有鱗。牠們會用長長的吻吸起喜歡的食物、糠蝦和其他小型甲殼動物。

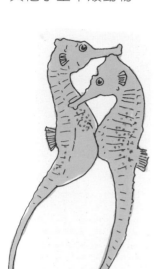

經過漫長且精心安排的求偶期，包括動作同步、握住尾部、改變顏色、旋轉求愛舞，雌海馬會把卵放進雄海馬身體前的孵卵囊，卵就會在孵卵囊中受精、懷孕，直到數十個小小的、成功孵育的海馬寶寶誕生。

葉形海龍

葉狀附屬物讓這種魚看起來像一片浮動的海草，可在獵食者及獵物面前隱身。

豆丁海馬

這種海馬體型不到2.54公分，其顏色、質地可完美融入棲身的珊瑚。

海綿

海綿是構造極簡單的海洋動物，沒有心臟、腦部、胃，也可以茁壯成長。海水流過牠們多孔的身體，並傳遞所需的氧氣、細菌、浮游生物。許多種類的海綿會在成長期於海水中自由浮動，成年後就會永久附著於海底。

有些淺水域的海綿細胞中會住著海藻，海藻的存在，能藉由日照為海綿製造食物。少數種類的海綿也是食肉動物，把小型甲殼類困在身體中，然後吃掉牠們。

數千年來，人類會採集海綿作為清潔工具，所以有些種類的數量已嚴重減少。

綠手指
海綿

擠壓時
會流出
紫色液體

即使是剝落下來的一小塊海綿，
也可以再生成一個完整個體。

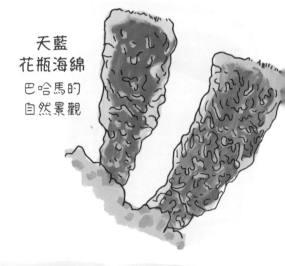

天藍
花瓶海綿
巴哈馬的
自然景觀

分支管
海綿

分布在
加勒比、佛羅里達、
百慕達、巴哈馬

黑球海綿
出沒於加勒比海
溫暖的淺水域

線葉
二藥藻

小喜鹽草

絲粉藻

鐮葉叢草

不像海藻這類生物，海草是真正的開花植物，在海面上生長且授粉的植物。

海洋中的海草約有60種。海草需要光照成長，會在淺水域的沙灘或泥沼中扎根，保護海濱區域。

大型海草床是豐富的生態環境，魚類、軟體動物、蠕蟲、海藻的各個發展階段都會住在這裡。對海牛、海龜、海鳥、蟹類、海草和海膽來說，海草是重要的食物來源。

海草床可以幫附近的珊瑚礁留住微粒及減緩海水流速，讓沉積物沉澱於海草床上，而澄清的水質有利於海草及珊瑚進行光合作用。

裸鰓類

裸鰓類有3,000種，一般是螢光、炫目的色彩組合以及奇奇怪怪的形狀，從南極洲到熱帶都是居住範圍，有珊瑚礁的熱帶淺水域數量最多。海蛞蝓是蝸牛的近親，有能刮東西的口器，稱為齒舌，上面鑲有銼刀般的牙齒可以刮下食物。裸鰓類吃海綿、水母、珊瑚、海葵、甚至是其他裸鰓類。牠們用小小、味覺敏銳的伸縮觸手找到獵物，就位於頭部頂端稱為嗅角。

裸鰓類沒有殼，所以必須用其他方式保護自己。這種動物捕食帶刺的水母，接收水母的刺絲胞或帶刺細胞，堆積在觸角或裸鰓表面上。同樣地，有些種類只吃有毒的海藻或海綿，得到毒素後儲存在特定的腺體中，作為保護自己的工具。

這些生物雌雄同體，牠們同時擁有兩種性器官，所以任兩隻成熟同種的裸鰓類就可以交配。

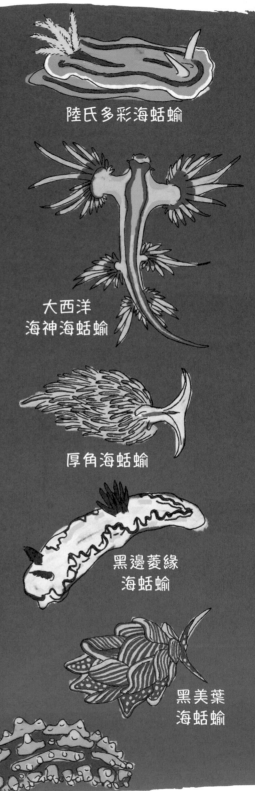

陸氏多彩海蛞蝓

大西洋
海神海蛞蝓

厚角海蛞蝓

黑邊菱緣
海蛞蝓

黑美葉
海蛞蝓

腫紋葉
海蛞蝓

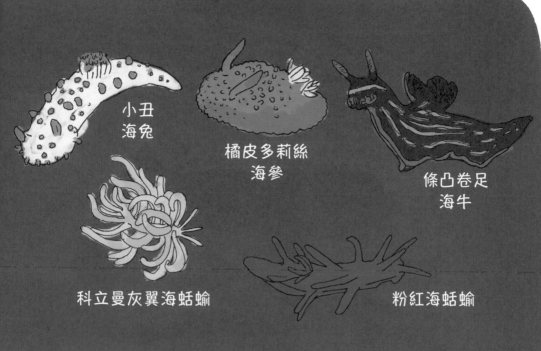

小丑
海兔

橘皮多莉絲
海參

條凸卷足
海牛

科立曼灰翼海蛞蝓

粉紅海蛞蝓

有些裸鰓類會把卵放進帶狀物中，以逆時鐘螺旋狀附著在珊瑚或岩石上。某些種類的卵塊會有極佳的保護色，但大多數都是顯而易見且色彩繽紛。

灰毛鼠蓑
海牛

血紅
六鰓海麒麟

海麒麟

卵塊

卵塊

卵帶

第七章

在冰山
冷靜一下

海冰

海冰根據年份、周圍溫度、波浪作用、沉澱作用而有不同形式。地球上的海洋有15%長年覆冰，靠近北極的北冰洋，以及圍繞南極大陸的南冰洋，每年多數時間均覆蓋海冰。

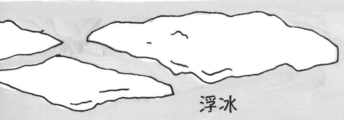

碎冰晶

浮在水上小小的晶體，形狀如圓盤或錐狀。

浮冰

大片、平坦的冰，寬度約20公尺至數公里。

餅狀冰

韌冰殼或脂狀冰被海浪壓縮成圓塊的冰，厚度小於10公分，寬約30公分至275公分。

韌冰殼

冰的表面厚度小於10公分，隨著海浪收縮、彎曲。

底冰

很多叢海冰形成海洋底部。

脂狀冰
多層薄碎冰晶，看起來像海洋表面上光滑的油脂。

漂冰

半融冰
小型成團冰晶的泥狀。

獨立漂浮的冰，隨風及海浪漂浮。

岸冰
附著（固定）於海岸的冰。

海冰下的生命

大片冰原是極地地區的主要地形，也是在這種極端條件下出現的樸素地貌。但越靠近厚冰區，海洋生物越蓬勃生長，呈現多樣色彩與樣貌。

冰魚

雖然海水冷得只有攝氏零下1.7度，許多動物仍以此為家、獵食、繁殖。

南極章魚

骷髏蝦

南極淵龍鰧

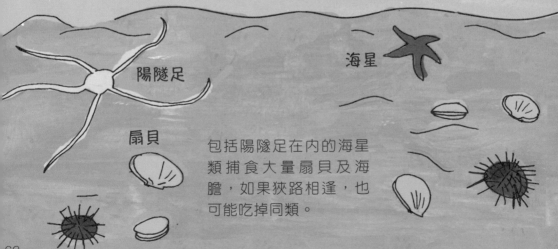

陽隧足

海星

扇貝

包括陽隧足在內的海星類捕食大量扇貝及海膽，如果狹路相逢，也可能吃掉同類。

海底
鐘乳石

當海水結冰，鹽分被迫流入周遭的水中，產出濃度高的鹽水，從冰頂沉入通道中。隨著鹽水通道下沉，淡水在它附近結凍，製出水下中空的冰柱，稱為海底鐘乳石。

捕食磷蝦及小型魚類的南極冰魚、齒魚、龍騰，已進化到血液中有一種防凍劑，讓牠們可以生活在冰洞中。虎鯨在一小片開放海域可獵食到45.4公斤的南極鱈魚。

鱗頭犬牙南極魚

海膽

冰河

冰河出現在年年下雪的地方，就算是夏季也不會完全融化。一層層的雪積累起來，再被自己的重量擠壓成冰。像南極這些地方，冰會累積到數千公尺厚。

當大量舊冰聚集於山谷中，便會慢慢向下流動，山谷冰河每天可移動數公尺至數百公尺。

冰河是由淡水冰形成，當它們流向海洋，就稱為潮水冰河。當冰壁抵達海洋，在這過程中會有部分崩解，稱為冰崩。

冰山

非桌狀

冰山是冰河或冰棚脫落下來、極大塊的漂浮淡水冰，一塊冰山通常只有8%至13%會在水面上且看得到，因此容易造成船隻擦撞。

如果冰山實體較長。有扁平的頂部及側面，就稱為桌狀；如果形狀為楔型、圓頂、尖錐、塊狀，就是非桌狀冰山。

叫聲響亮

看得到
外耳

加州海獅

大且無毛的
鰭肢

在陸地上用鰭肢走路

海獅VS.海豹

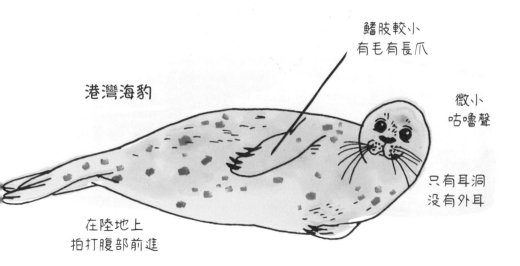

鰭肢較小
有毛有長爪

港灣海豹

微小
咕嚕聲

只有耳洞
沒有外耳

在陸地上
拍打腹部前進

海豹、海獅、海象是海洋哺乳動物，經常來去於海洋與陸地間，四肢為鰭肢，捕食魚類、烏賊、甲殼動物、軟體動物，這類海洋動物又被稱為鰭足類。

與鰭足類血緣關係最近且經過進化的是熊類及浣熊。

紐西蘭海獅
雄性 320-450公斤
雌性 80-90公斤

南海獅
雄性 200-350公斤
雌性 135-150公斤

儘管是笨拙的陸行者，鰭足類在水中可是迅速敏捷的特技選手，靈活矯捷更勝海豚，嗅覺、視覺、聽覺都很強，可以用鬍子或觸鬚感知獵物。

大多數鰭足類喜歡靠近地球兩極的冷水，身上有厚厚的脂肪層和密集的毛，能在酷寒的冷水中保持溫暖，除了海象。

赤道毛皮海獅
約50-250公斤

威德爾海豹
約400-600公斤

威德爾海豹於南極州附近的冰層獵食時，會向冰層吹泡泡，把躲在縫隙中的魚嚇出來。在水下獵食時，會透過冰層的呼吸孔呼吸，但新的冰層形成得很快，所以海豹必須嚼碎冰層才能呼吸。但牠們非常幸運，能屏住呼吸近一小時。

南方象海豹可以長到3,175公斤，比起體型最大的熊，牠們更大、更重數倍。

南方象海豹

雄性 2,220-3,175公斤
雌性 400-900公斤

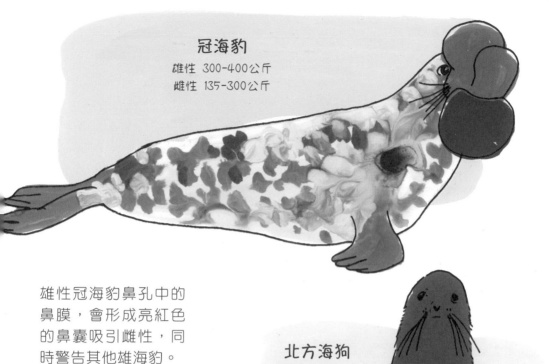

冠海豹
雄性 300-400公斤
雌性 135-300公斤

雄性冠海豹鼻孔中的鼻膜，會形成亮紅色的鼻囊吸引雌性，同時警告其他雄海豹。

為了節省游泳的力氣，海豹會在每一次划水間跳出水面，甚至乘浪回到岸邊。有些海豹的血液、肺、心臟、血管較特殊，能夠讓牠們潛入水面下數百，甚至是數千公尺。

北方海狗
雄性 180-270公斤
雌性 30-50公斤

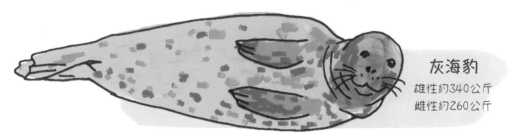

灰海豹
雄性約340公斤
雌性約260公斤

環斑海豹
約50-70公斤

帶斑海豹
約90-150公斤

豹海豹
約200-600公斤

海象
約600-1,495公斤

獨角鯨

這種小型北極鯨魚有非常與眾不同的特色。雄獨角鯨的左前齒會穿過上唇，以逆時針螺旋狀長到2.4公尺。

獨角鯨改良後的牙齒是動物世界中唯一直向的長牙，其目的已經爭辯了數百年。儘管從未有人目擊獨角鯨用長牙打架，但長牙是否可能象徵社會地位，或保護伴侶之用？或者它就像敏感的觸角，提供海水溫度及鹽分資訊，避免被快速凍結的冰困住？2017年出現了更簡單的答案──無人機發現獨角鯨吃下北極鱈前會用長牙撞擊、打暈牠們。

獨角鯨
被稱為海中的
獨角獸

獨角鯨頭骨

企鵝

皇帝
企鵝

絕大多數企鵝都在遙遠南半球
的冰冷海水中，在那裡繁殖、
撫育小企鵝，數量從數百到數
千都有。

國王
企鵝

巴布亞
企鵝

企鵝無法飛行，走起路來又很
笨拙，但牠們可以用水下游泳及
獵食的速度彌補陸地上的各種不
足。企鵝拍打翅膀，敏捷地向前
推進，就像在水裡飛行一樣。

企鵝每離開一次海洋，一待就是
數個月，這段期間會吃烏賊、魚
類、磷蝦養胖自己。

企鵝有濃密且光滑的羽毛大衣，
可以擋住冷空氣，具有保暖和保
持浮力的功能。

長冠企鵝

所有企鵝都是白色腹部和黑色背部，這種自然花色稱為反蔭蔽，獵捕時可作為掩護，或騙過鯊魚、鯨魚或海豹等獵食者。白色腹部是模擬從上方俯視時海水光亮的表面，黑色背部從上方看則像深海處。

洪氏企鵝

在光滑的冰面上，
企鵝為了節省力氣，
會用腹部滑行，
這種行為稱為雪橇運動。

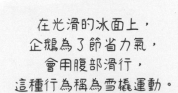

企鵝都是成對扶養小企鵝，大多數種類都是雄企鵝與雌企鵝一起孵蛋。牠們會站著，把蛋夾在雙腳和溫暖的腹部羽毛間。

當企鵝寶寶孵化後，父母就會輪流回到海裡抓魚填滿肚子，然後帶回去反芻餵食給企鵝寶寶。

皇帝企鵝	國王企鵝	巴布亞企鵝	長冠企鵝	洪氏企鵝
110-130公分	90公分	50-92公分	60公分	55-60公分

企鵝尺寸對照圖

北極熊

北極熊是海洋哺乳類，一生幾乎都生活在北極海冰上。牠們短且堅硬的爪子，以及又大又多毛的熊掌，都是為了在雪上及光滑的海冰上行走。

北極熊可以靠海水移動數百公里，巨大的熊掌是完美的游泳用槳，厚厚的脂肪層能抵禦冰冷海水，隔絕效果非常好，以至於氣候高於攝氏10度時，就會覺得熱且不舒服。

北極熊有黑色皮膚能吸收陽光，而蒼白無色的毛髮可以反射光線，全年保持雪白。牠們是鬼鬼祟祟的獵食者，會用許多聰明的方法捕捉環斑海豹、菱紋海豹、港灣海豹、髯海豹及喜歡的食物。

北極熊鼻子內的表面區域是人類鼻子的100倍，牠們鼻子進化得很敏銳，可以聞到遠在1.6公里外，躲在雪堆附近的海豹。

在獵殺食物後，北極熊經常會用雪洗個澡，在雪地上磨擦，好清掉身上的海豹血跡。

懷孕的雌北極熊會在雪
與冰間挖個洞穴，然後
待在洞穴裡，養育北極
熊寶寶的前幾個月，雌
北極熊可能不會吃東
西。北極熊寶寶通常是
一胎2隻，約有2.5年
的時間會和媽媽一起行
動。

北極熊生活的環境被不可飲用的鹹海水包圍，
所以會從吃下去的海豹脂肪中吸收水分。

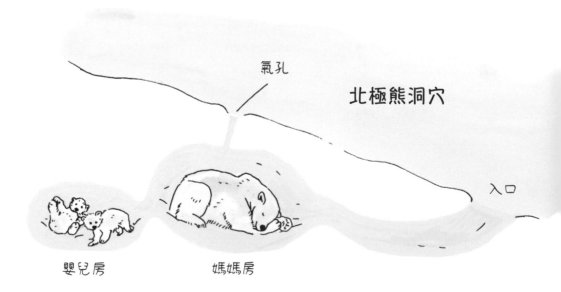

氣孔

北極熊洞穴

入口

嬰兒房   媽媽房

人類造成的氣候變遷，使得北極變暖，海冰融化，而北極熊只得在困境中求溫飽。海冰縮小，無法捕到足夠且符合營養需求的海豹。比起以前，成年北極熊的體型相對變小且不健康。某些群體的母北極熊無法儲存足夠的脂肪，無法在洞穴裡餵食、養育寶寶，寶寶的存活率因此降低，在沒有冰的夏季，成年北極熊的生存能力也變得更低，北極熊整體的健康堪慮。

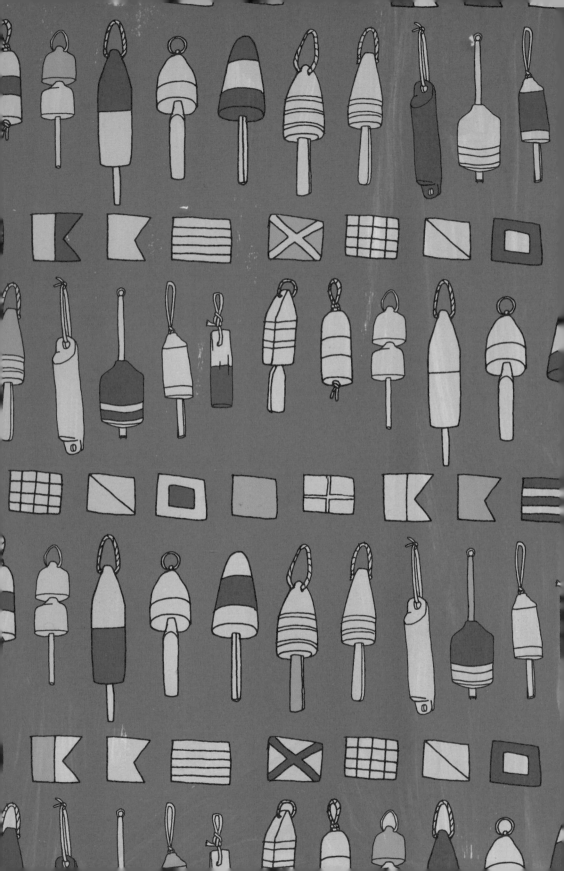

第八章

人類
與海洋

低衝擊漁撈

數萬年來，人類想出了很多聰明的方法捕撈海洋魚類。鏢魚漁具、漁弓及漁箭、手作漁網、釘耙，還有附繩子及魚鉤的釣竿，都是比較永續的捕魚方法。

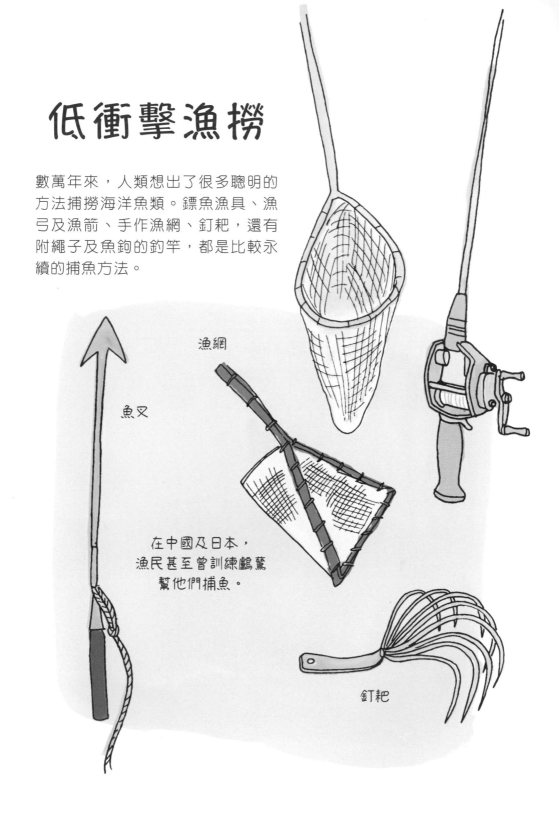

魚叉

漁網

在中國及日本，漁民甚至曾訓練鸕鶿幫他們捕魚。

釘耙

漁民會在龍蝦籠及螃蟹籠裡頭放入死魚作為誘餌，置於海底。籠子有漏斗狀的入口，甲殼類動物可以爬進去，但無法從裡面逃出來。龍蝦籠則接到漂浮於水面的浮標。

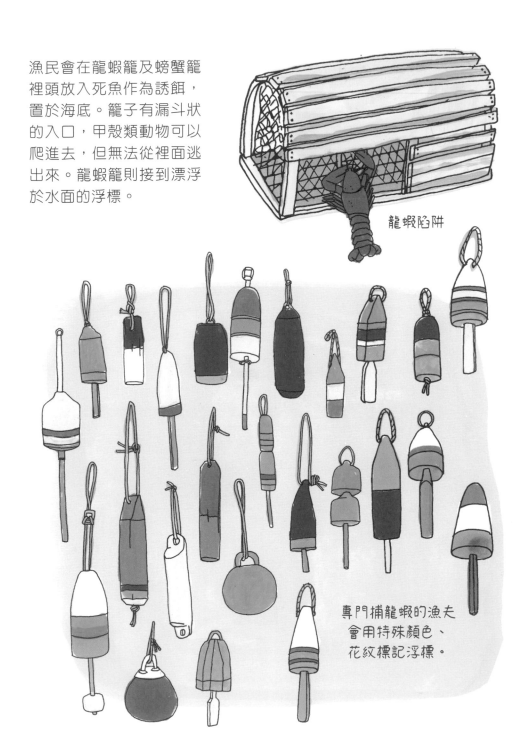

龍蝦陷阱

專門捕龍蝦的漁夫會用特殊顏色、花紋標記浮標。

高衝擊漁撈

過去200年間，工業捕撈對全球魚類族群帶來了不少負面影響。大型加工船在海上會待很長一段時間，捕撈數百噸魚獲，在船上清潔、處理漁獲，並儲藏於冷凍庫中。

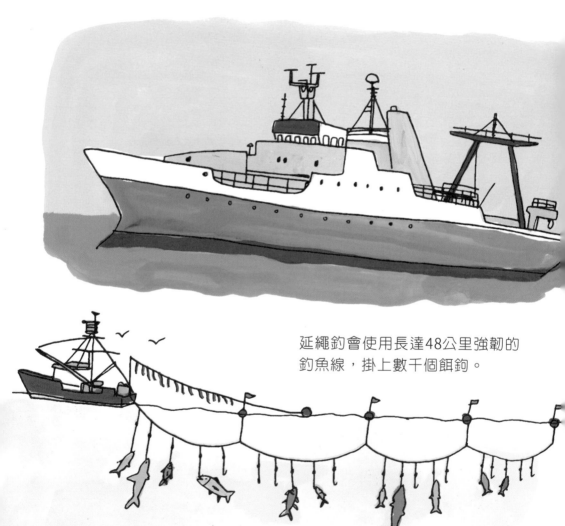

延繩釣會使用長達48公里強韌的釣魚線，掛上數千個餌鉤。

圍網捕漁船放出1.6公里長的漁網，然後收緊底部。當漁網被拖回船上，其中可能有數千隻具商業價值的魚類，如鮪魚、沙丁魚、烏賊。這種捕撈方式每年會殺死成千上萬人們「不需要」的魚類，還有海鳥、烏龜、鯊魚、海豚、海豹以及鯨魚。

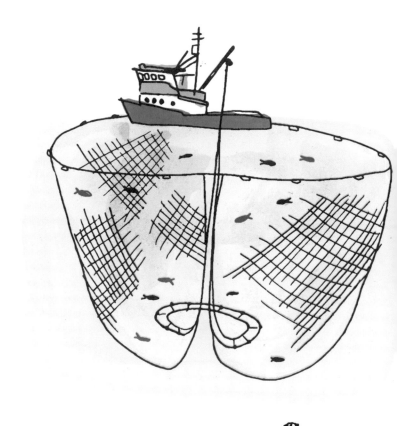

多達40%的商業漁獲都被以混獲處置。

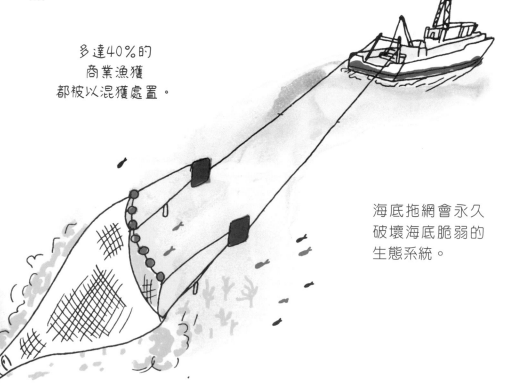

海底拖網會永久破壞海底脆弱的生態系統。

燈塔

燈塔用警示燈幫助大小船隻避開海洋中的岩石以及其他危險。

加拿大新斯科細亞省
西部賴爾島

葡萄牙阿威羅

麻薩諸塞州
賽點

加州
洛杉磯港

加州
聖塔庫斯沃爾頓

紐約
石楠公園

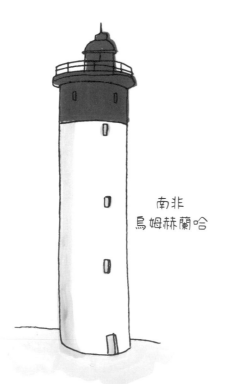

南非
烏姆赫蘭哈

加拿大新斯科細亞省
佩姬灣

移動的
哈特拉斯角燈塔

從1803年起，美國哈特拉斯角（Cape Hatteras）的海岸線已經往內移超過1.6公里。

北卡羅萊納州的哈特拉斯角燈塔是美國最高的燈塔，矗立於海平面上63公尺處。燈塔建於1870年，當時距離海岸約0.4公里，130年來海岸線被侵蝕，最終燈塔地基遭受威脅。

1999年美國國家公園管理局（National Park Service）成功將燈塔往安全的陸地內移914公尺。

現在燈塔位於
海平面上488公尺處，
根據海平面上升的速度，
預計100年內，燈塔會再次
受到海洋威脅。

鑽研海洋
海洋學家

現代海洋學出現前,人類除了沿岸淺灘以外,對海洋所知甚少。1872年,英國軍艦挑戰者號開始進行全世界第一次海洋科學考察,4年間航行了128,748公里,發現數千種新物種,對生態系統、海洋深度、溫度及組成,進行了數百次實驗。

今日,海洋學家用許多具最先進科技的現代船隻來研究海洋。隨著氣候變遷,證明了海洋學非常重要;海洋是地球最大的熱能與二氧化碳儲備庫,因此了解它的能力,或許是最小化未來負面影響的關鍵。

1870年代挑戰者號

海洋生物學家

馬塔・波拉

馬德里自治大學（Universidad Autónoma de Madrid）裸鰓類專家。「裸鰓類是非常有趣的研究對象，不只因為牠們美麗又多樣，也是非常好的環境指標。」莫三比克及菲律賓研究之旅中，她的團隊發現了60種新的裸鰓類生物。「治癒癌症的藥，或許就在這群小傢伙裡，等著我們挖掘。」

薇琪・瓦斯奎茲

薇琪・瓦斯奎茲在太平洋鯊魚研究中心（Pacific Shark Research Center）研究鯊魚，同時也是海洋科學Podcast的共同主持人。薇琪曾深入研究食人鯊，首次成功追蹤到妖精鯊的就是她的團隊。當她發現燈籠棘鮫科的新物種，她邀請4位在加州青年機構（Seven Teepees Youth Program）的表親與小孩一起構思，推廣新物種的名字：忍者燈籠鯊。

和阿爾文號一起研究海洋

僅僅是在水下數公尺處，人類的耳朵就能感覺到壓力。水下約15公尺，水壓就能粉碎一個密封罐；約610公尺處，水壓就能摧毀大多數潛水艇。而深海潛水艇是設計來搭載科學家到海底數公里深的地方，收集深海數據用。

1964年，名為阿爾文號（Alvin）的潛水艇進行了5,000次潛水，仍保持完整。這種深海潛水載具可以帶兩名科學家進入直徑183公分的球體，下潛到約4.8公里深的地方。它有兩隻機械手臂，收集樣品及運作機械。

科學家已經發現了數百種新物種，包括在深海熱泉系統附近的生態系，生物中第一個不依賴太陽能量的例子。深海潛水載具也用於研究墨西哥灣漏油事故，以及定位並取回1966年於地中海丟失的氫彈。

推進器

指揮室
圓殼

ALVIN

燈＋
攝影機

觀察孔

機械手臂

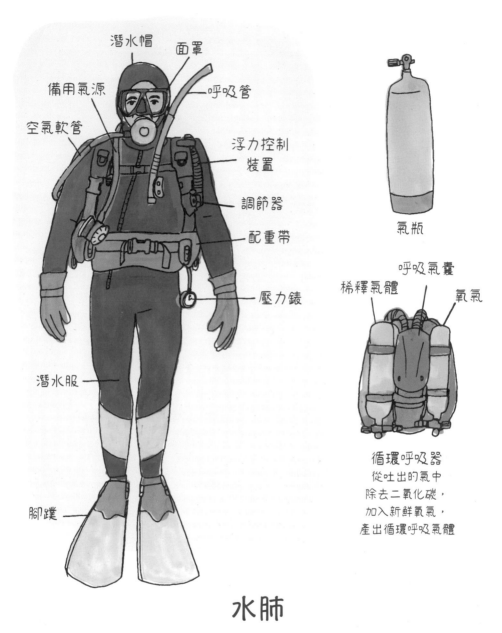

潛水帽　　面罩

備用氣源　　　　呼吸管

空氣軟管

浮力控制
裝置

調節器

配重帶

壓力錶

潛水服

腳蹼

氣瓶

呼吸氣囊

稀釋氣體　　　　氧氣

循環呼吸器
從吐出的氣中
除去二氧化碳，
加入新鮮氧氣，
產出循環呼吸氣體

水肺

水肺（Scuba）意思是自足式水下呼吸器。有了水肺裝置，潛水者只要攜帶一個氣瓶，就能在水下待一小時以上。戴面罩、腳蹼、配重帶、浮力背心，潛水者可以在近水面處像魚一樣游泳。休閒潛水的深度限制約為40公尺，水肺潛水者傾向在相對淺的地方探索珊瑚礁及沉船遺骸。

海上貿易

港口是港灣裡可以讓船隻裝卸物品及接送乘客的地方。港口大多蓋在有屏蔽的港灣或河口，船隻可免於海浪及風暴侵襲。

深水港可以讓更大的貨物、油船、貨櫃停靠碼頭，但深水港非常少見，需要定期清理底部淤泥，保持通道順暢。

有些港口專門處理散裝貨，其他則處理貨櫃、乘客或軍船。

中國的上海是全世界最忙碌的港口，
每年約莫要處理4,000個貨櫃。

大型商業港口必須有特殊起重機、堆疊機、散貨裝載機、堆高車，快速裝卸大量貨物及貨櫃。港口往往被能處理貨物及原料的基礎建設圍繞，如倉庫、加工中心、精煉廠。現代海洋港口是與高速公路、鐵路、機場、河流的緊密連結的配送中心。

航海信號旗是船隻間國際通用的
溝通方式。

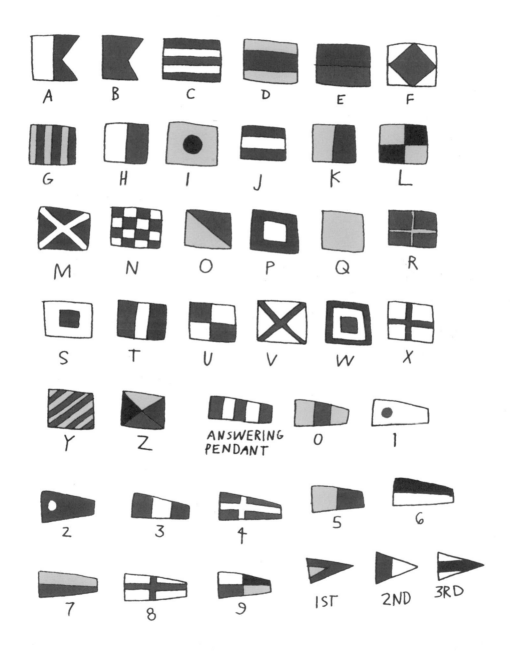

貨船

海運是目前世界各大洲運輸大量貨物最有效率的方式，全球貿易約90％仰賴50,000艘以上油輪、貨船、貨櫃船乘載商品及原料，往來於世界各大洋。每年約有100艘船及10,000裝運貨櫃於海上遺失，對環境造成未知後果。

貨櫃船

船運公司

MINIBULKERS（迷你散裝貨船）	乘載15,000噸以上
SUPRAMAX（輕便極限型）	50,000噸
ULTRAMAX（散裝貨船）	62,000噸
PANAMAX（巴拿馬型）	75,000噸
POST PANAMAX（超級巴拿馬型）	98,000噸
CAPESIZE（海峽型）	172,000噸
VALEMAX（超大型鐵礦砂型）	400,000噸

油輪

運送油品、化學品、氣體或柏油。油輪尺寸
從1萬噸到55萬噸都有。

氣體載運船

有大型壓力控制槽,可容納數十萬立方碼的
液態天然氣或液態石油氣。

化學液體貨運載船

船艙有特殊塗層,能保護船隻與乘載物。

太平洋垃圾帶

北太平洋的洋流形成巨大的螺旋效應，稱為環流，其中會積累並集中漂浮的塑膠製品。世界大洋中有五大塑膠污染區，最大的一個介於加州及夏威夷間，涵蓋100萬平方英里。

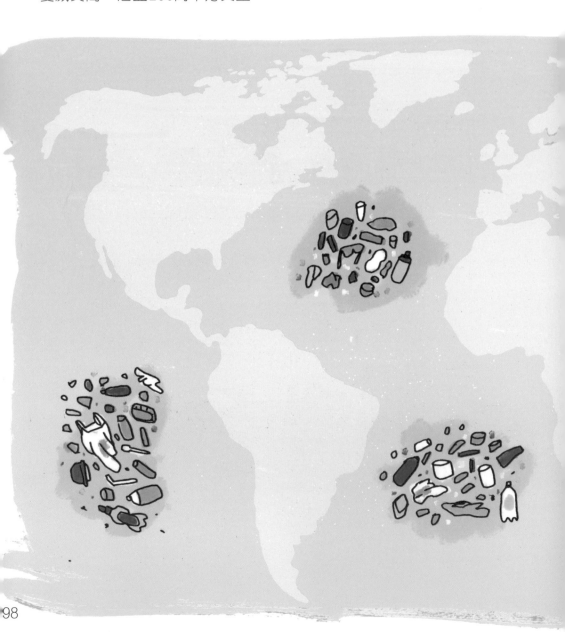

太平洋垃圾帶（GPGP）裡有近2兆塑膠製品，約90,000噸重，等於地球上每個人製造了285塊塑膠製品。

漂浮塑膠並非固態島嶼，相反地，上游水柱會增加這區的塑膠污染密度，其中多數甚至是看不到的污染，因為有些塑膠漂浮於近海面處，有些是很微小的碎片。太陽的紫外線及鹽的侵蝕作用，再加上海浪，會把塑膠打成更小更碎的碎片。

大型塑膠　任何大於50公分的物品
大塑膠　　5-50公分
中塑膠　　0.5-5公分
微塑膠　　0.05-0.5公分
奈米塑膠　小於100奈米

在太平洋垃圾帶裡，
有超過80％的塑膠都至少含有一種毒素，
會累積於動物體內。

- 不吃食物，吃進塑膠會導致營養不良，威脅動物的消化及生殖健康。

- 海龜把塑膠袋誤認為是水母而吃下肚。

- 死掉的抹香鯨肚子裡有6公斤塑膠。

- 90％大水薙雛鳥及97％黑背信天翁小鳥的胃裡都有塑膠。

- 在有塑膠處捕食的魚類，其中三分之一的胃裡有塑膠。當我們吃下海鮮，塑膠毒素進入人類食物鏈，就等於吃下塑膠。

- 被廢棄塑膠漁網纏住也是許多物種面臨的嚴重危機。

氣候變遷數據

97%
的氣候科學家同意
近期氣候暖化趨勢皆是人為。

攝氏
1°C
（華氏1.6度）

近100年地球平均溫度
上升攝氏1度，
而增加幅度多發生於
過去35年間。

約 **20.32 CM**

是過去100年來海平面上升的高度。

預計海洋還會上升

30-122 CM

往後80年持續暖化，北極冰層融化及鹹水擴張之故。

未來30年，
北極夏天的冰層將會是

0

成為有遠見的領航者；
學習海洋科學或再生能源科學；
讓當地政府積極參與。

來點好消息

關於海洋

挪威電力渡船運行2年後，減少了95％碳排放量。

從肯亞、印度等大國家到普林西比島國、西非海岸，塑膠的禁用令持續在執行中。

貝里斯堡礁（Belize Barrierreef）是世界上第二大的珊瑚礁，政府採取保育行動後，已不再列為瀕危名單。

加拿大徹底改革漁業法，要求為幾乎耗盡的魚群種類制定重建計劃，並限制魚翅進出口。

633名水肺潛水者締造金氏紀錄，在佛州迪爾菲爾德海灘（Deerfield Beach）撿了725.8公斤垃圾。

印尼政府在珊瑚三角區（Coral Triangle）打造了三個新保護區，有豐富的珊瑚礁及生物種類。

推薦讀物

- *438 Days: An Extraordinary True Story of Survival at Sea*, Jonathan Franklin.

- *Bird Families of the World: A Guide to the Spectacular Diversity of Birds*, David W. Winkler, Shawn M. Billerman, and Irby J. Lovette.

- *Blue Mind: The Surprising Science That Shows How Being Near, In, On, or Under Water Can Make You Happier, Healthier, More Connected, and Better at What You Do*, Wallace J. Nichols

- *Encyclopedia of Fishes*, John R. Paxton and William N. Eschmeyer

- *Fishes: A Guide to Their Diversity*, Philip A. Hastings, Harold Jack Walker, Jr.and Grantly R. Galland

- *Kon-Tiki*, Thor Heyerdahl

- *The Log from the Sea of Cortez*, John Steinbeck

- *Marine Biology (Botany, Zoology, Ecology and Evolution)*, Peter Castro and Michael Huber

- *Marine Biology for the Non-Biologist*, Andrew Caine

- *Orca: How We Came to Know and Love the Ocean's Greatest Predator*, Jason M. Colby

- *Polar Bears: The Natural History of a Threatened Species*, Ian Stirling

- *Reef Madness: Charles Darwin, Alexander Agassiz, and the Meaning of Coral*, David Dobbs

- *The Sea Around Us*, Rachel Carson

- *Shackleton's Boat Journey*, Frank A. Worsley

- *The Sibley Guide to Birds*, David Allen Sibley

- *The Sixth Extinction: An Unnatural History*, Elizabeth Kolbert

- *Voices in the Ocean: A Journey into the Wild and Haunting World of Dolphins*, Susan Casey

- *Voyage of the Beagle*, Charles Darwin

資料來源及參考書目

- Consultant: Dorota Szuta, former field biologist, Coastal Conservation and Research, Santa Cruz, CA; currently water biologist, Los Angeles Department of Water and Power
- International Union for Conservation of Nature's Red List of Threatened Species (www.iucnredlist.org)
- National Oceanic and Atmospheric Administration (www.noaa.gov)
- Allaby, Michael, ed. A Dictionary of Earth Sciences. 4th ed. Oxford University Press, 2013.
- ---. A Dictionary of Ecology. 4th ed. Oxford University Press, 2010.
- Dobbs, David. Reef Madness: Charles Darwin, Alexander Agassiz, and the Meaning of Coral. Pantheon, 2005.
- Ford, John. Marine Mammals of British Columbia. Vol. 6. Royal British Columbia Museum, 2014.
- Gabriele, C. M., J. M. Straley, and R. J. Coleman. "Fastest Documented Migration of a North Pacific Humpback Whale." Marine Mammal Science 12, no. 3 (1996): 457-64.
- HuNeke, Heiko, and Thierry Mulder, eds. "Deep-Sea Sediments." Developments in Sedimentology 63:1-849.
- Mather, J. A., and M. J. Kuba. "The Cephalopod Specialties: Complex Nervous System, Learning and Cognition." Canadian Journal of Zoology 91, no. 6 (2013): 431-49.
- Rothwell, R.G. "Deep Ocean Pelagic Oozes." Encyclopedia of Geology. Edited by Richard Selley, Leonard Morrison Cocks, and Ian Plimer. Vol. 5. Elsevier, 2005.
- Ruppert, Edward E., Richard S. Fox, and Robert D. Barnes. Invertebrate Zoology: A Functional Evolutionary Approach. 7th ed. Cengage Learning, 2003.

感謝你！

再次感謝所有寫信給我的孩子們（還有大人），給我動力寫出這個系列的新書，雖然真的花了很長的時間！

謝謝John Niekrasz所有了不起的著作及研究，並發現了許多如此令人讚嘆的知識。

謝謝我的編輯Lisa Hiley及美術總監Alethea Morrison，以及Storey Publishing的整體員工，我非常開心能和他們一起工作。

謝謝Eron Hare完成所有插畫，一起工作時溝通非常愉快。

謝謝我的家人及朋友總是大力支持我。

謝謝幫忙保護海洋及獨特生物的所有人。

審訂 曾庸哲

臺灣大學動物學研究所博士，德國阿佛列韋格納研究院（AWI）極地海洋生物研究所／亥姆霍茲海洋研究中心（GEOMAR）訪問研究員，中央研究院細胞與個體生物學研究所助研究員。研究橫跨水生動物的生態分布、生理代謝、表觀遺傳，以及感官神經科學等領域。

譯者 王曼璇

輔仁大學哲學系、跨文化研究所翻譯學碩士畢業。喜愛閱讀、電影及貓，支持領養代替購買。譯有《攝影師的創造力之眼》、《一次讀懂哲學經典》、《一次讀懂商業經典》、《當彩虹昇起》。
frannie19902002@gmail.com